航空运输类专业系列教材

航空发动机状态监控与故障诊断

主 编 樊庆和 王秀霞 张永兴

副主编 房传新 黄 杰 刘 丽

U0280696

电子工业出版社
Publishing House of Electronics Industry
北京·BEIJING

内 容 简 介

本书从航空发动机外场机务与维修工程的需要出发，介绍了航空发动机的常见故障模式及航空发动机状态监控与故障诊断工作中实际应用的各种诊断方法，包括高速旋转机械普遍应用的振动诊断方法，仅用于航空发动机故障诊断的指印图分析方法、趋势图分析方法，对于机械设备状态监控及诊断非常有效的滑油油样分析方法，以及模糊诊断方法等。

本书适合作为航空动力工程及航空机械工程专业的本科生教材，对于从事航空发动机设计研究的科研人员和从事维护工作的工程技术人员也有参考价值。

图书在版编目（CIP）数据

航空发动机状态监控与故障诊断 / 樊庆和，王秀霞，张永兴主编．—北京：电子工业出版社，2023.12

ISBN 978-7-121-47208-4

Ⅰ．①航…　Ⅱ．①樊…　②王…　③张…　Ⅲ．①航空发动机—状态分析—高等学校—教材　②航空发动机—故障诊断—高等学校—教材　Ⅳ．①V263.6

中国国家版本馆 CIP 数据核字（2024）第 014000 号

责任编辑：孙　伟　　文字编辑：李书乐　　特约编辑：王　纲
印　　刷：固安县铭成印刷有限公司
装　　订：固安县铭成印刷有限公司
出版发行：电子工业出版社
　　　　　北京市海淀区万寿路 173 信箱　邮编　100036
开　　本：787×1 092　1/16　印张：10.25　字数：259.2 千字
版　　次：2023 年 12 月第 1 版
印　　次：2023 年 12 月第 1 次印刷
定　　价：39.00 元

前　言

为贯彻落实党的二十大精神，以培养高素质技能人才，助推产业和技术发展，建设现代化产业体系，编者依据航空动力工程和航空机械工程行业的岗位需求和院校专业人才培养目标编写了本书。

由于航空发动机具有结构复杂等特点，因此对航空发动机的状态监控与故障诊断一直是发动机界的重点研究课题。航空发动机一旦发生故障，必然会影响飞行任务的完成，甚至会影响飞行安全，为了确保航空发动机的运行安全，对航空发动机进行状态监控与故障诊断具有十分重要的意义。

本书从航空发动机外场机务与维修工程的实际需要出发，介绍了航空发动机状态监控与故障诊断工作中实际应用的各种诊断方法，对大部分方法都引用了故障诊断的实例。其中，第1章介绍了故障诊断和健康管理的基本概念，第2章介绍了航空发动机常见的故障模式，第3章介绍了航空发动机的趋势图分析方法和指印图分析方法，第4章介绍了高速旋转机械普遍应用的振动诊断方法，第5章介绍了对于机械设备状态监控与故障诊断非常有效的滑油油样分析方法，第6章介绍了发动机转子系统的故障诊断方法，第7章介绍了故障树分析法，第8章介绍了现代诊断技术中的模糊诊断方法。

本书的第1章、第2章和第5章由樊庆和编写，第3章和第4章由王秀霞编写，第6章由房传新编写，第7章由黄杰和刘丽编写，第8章由张永兴编写。王秀霞负责全书的统稿工作。为了配合各学校师生利用本书进行教学，本书配赠了相关资源，可扫描二维码获取。

本书的出版得到了山东省民办本科高校优势特色专业"飞行器动力工程"支持计划项目的大力支持，该项目属于 2016 年山东省教学改革研究项目"适应通用航空发展的航空维修人才培养体系研究"的部分研究成果，在此对有关工作人员表示感谢。此外，还要感谢海军航空工程学院李本威教授和烟台南山国际飞行公司刘京茂给本书提出的宝贵意见。

由于编者水平有限，书中难免有疏漏和不足之处，希望各位专家、同行和广大读者提出宝贵意见。

编　者
2023 年 1 月

目 录

第1章 绪 论

从 20 世纪 60 年代开始，随着航空运输业的迅速发展和航空器复杂程度及制造成本的不断提高，投入维修和保证安全的人力和材料开支不断增加，航空发动机的工作可靠性对航空器的飞行安全和企业运营成本的影响越来越突出，而航空器的高可靠性需要依靠先进的航空发动机维修技术。因此，对航空发动机的维修和使用提出了许多新的研究课题，其中一个重要的方面就是发动机的状态监控与故障诊断。所谓发动机的状态监控与故障诊断，是指借助一定的有效方式对与发动机工作状态紧密相关的各种参数实施监测，根据所监测的数据对各部件的工作状态及其发展趋势做出有价值的判断，即对所发生的故障得出判断结论，或者预报即将发生的故障，及时提出维修的具体技术内容，以达到保证飞行安全、提高维修经济效益的目的。

发动机状态监控与故障诊断的重要意义在于：一方面，它可以迅速而准确地确定故障的部位及故障严重程度，有利于确保飞行安全，减少维修的人力、物力，缩短航空器的停飞时间，提高航空器的利用率；另一方面，它是实现先进的维修思想（从"以预防为主"的维修思想转向"以可靠性为中心"的维修思想）和维修方式（从单纯的定时方式转向定时维修、视情维修和状态监控 3 种方式）的必要手段和前提条件。

1.1 发动机状态监控系统的能力和效益

1.1.1 发动机状态监控系统的能力

发动机状态监控系统具有以下能力：

（1）评估、控制发动机使用的监控参数；

（2）确定发动机及其单元体、零部件的剩余寿命和备用状态的各种数据；

（3）发现、确定、隔离发动机的故障，确定相关修正量；

（4）跟踪发动机状态的变化并预测发展趋势；

（5）支持发动机管理和后勤保障的决策。

上述能力按影响的时间可划分为短期能力、中期能力和长期能力 3 类。

1. 短期能力

1）及时告警

使空勤人员或地勤人员注意影响飞行任务完成或引起发动机故障的一些问题。

2）故障预报

飞行前，发动机状态监控系统能显示潜在的故障，帮助进行飞行前检查。

飞行中，当出现故障或故障征兆时，能够及时向空勤人员发出预报，如应降低发动机转速等；同时，自动或由飞行员控制将故障或故障征兆的信号记录在参数记录系统（黑匣子）中。

飞行后，对于特定项目，发动机状态监控系统将给出下次飞行时发动机可用度"通过/不通过"的指示。不通过的原因可以指示到单元体等级、可置换的单元或更低的等级。

3）自动记录

发动机状态监控系统可以自动将故障或故障征兆的信号记录到参数记录系统中。

发动机状态监控系统记录的数据能帮助排除故障和证实空勤人员的报告。

4）监控滑油系统

显示滑油系统的问题，如滑油污染、滑油消耗量大、滑油压力过低或过高等。

5）振动监测

通过发动机状态监控系统记录的发动机振动总量和频谱分析，能够及时发现可能影响安全的机械故障。

2．中期能力

1）故障分析

发动机状态监控系统可以根据在飞行中或在地面试验中检测到的超限数据，分析引起故障的可能原因。利用故障之前和故障之后发动机的稳态和瞬态数据，能够分析引起故障的原因，以及故障发展或可能出现的问题。

2）状态调整

显示超调量并提供校正数据。

3）性能参数分析

发动机状态监控系统能够提供表明和显示发动机及其单元体的性能水平和衰减的扩展数据，能够根据性能参数的变化辨别故障类型。

4）趋势分析

发动机状态监控系统可以提供发动机例行维护所需的数据，还可以表明和显示发动机及其单元体的状态。趋势分析主要分析发动机性能状态和机械状态两方面的参数。

5）附件检测

发动机状态监控系统能提供事件检测，并隔离到附件和部件的等级，包括发动机和非发动机的附件和部件。

6）振动分析

振动分析技术能够将故障隔离到发动机单元体和零部件的等级，能够提供在一级维修和二级维修中进行发动机整机平衡的参数。

7）无损探伤和测试

无损探伤和测试技术适用于监控和评估发动机的状态，包括孔探仪探伤、涡流探伤、射线照相和超声波探伤等。

8）附加能力

可以提供附加的发动机和非发动机监控能力，如齿轮箱监控、功率传递、燃油和推力管理。

3．长期能力

1）自校准和自检查

发动机状态监控系统能提供连续的自校准、硬件和软件的自检查，如传感器信号的可靠性、计算和校准检查，以及机内设备自检。

2）使用跟踪

发动机状态监控系统能够记录和显示有寿命限制的发动机、单元体和零部件的使用数据，如工作时间、启动次数、低循环疲劳、磨损及热端和冷端部件载荷，能够计算、预测剩余的寿命。

3）数据反馈

能够为用户、制造厂商和供应商传输和确认数据。

4）任务剖面分析

能够收集反映发动机使用情况的数据，并分析任务剖面。

5）数据保存

能够收集并保存发动机、单元体和零部件与性能、使用、维修有关的数据。

6）自适应和发展能力

模块化的发动机状态监控系统的硬件和软件设计能够满足预期和非预期的全部系统需求，并能够较好地综合现有的状态监控与故障诊断技术，及时增加或嵌入先进的状态监控与故障诊断技术。

1.1.2　发动机状态监控系统的效益

发动机状态监控系统能够在改善安全性、降低费用支出、提高可用度和可靠性等方面产生效益。

1．改善安全性

及时告警可以使空勤人员和地勤人员注意影响任务完成或引起发动机故障的一些问题，从而避免等级事故的发生。

例如，1974 年日本航空公司的 27 架波音 747 型飞机的总飞行时间为 388000h，计划更换发动机 58 台，后因使用了监控技术，根据故障情况实际更换了 85 台发动机，避免了不少事故的发生，发动机的空中停车率也降到了 0.04 次/kh。

2．节省费用

应用发动机状态监控系统能较好地确定和管理发动机的使用状态、使用寿命和剩余寿命，可以在零部件、劳动力、燃油、使用和后勤保障 5 个方面节省费用。

例如，德国汉莎航空股份公司的 A310/CF6-80 型飞机，由于采用了发动机状态监控系统提供的数据，及时给出了需要重新平衡风扇的时机和信息，既避免了严重机械故障的发生，又免去了重新平衡转子所需要进行的专门试车。据统计，该机型每年至少省去 20 次专门试车，可节约 4600 kg 油料，并且平衡的效果要优于专门试车的结果。

3．使用方面的效益

发动机状态监控系统能改善发动机和飞机的可用率和任务完成率。准确和连续的状态监控有利于对发动机的使用寿命进行重新评估。监控零部件消耗与维修人员的相互关系能够提供重新评估零部件寿命极限的基础，或者适时修正用于维修零部件的准则。例如，分解是建立在"定时维修""视情维修"或"状态监控"基础之上的。

4．对一级维修的改善

运用发动机状态监控系统的数据，能够根据发动机的状态和部件寿命辅助进行有计划和无计划的维修工作。发动机状态监控系统还可以检验维修工作的质量。

5．对二级维修的改善

发动机状态监控系统能改善：

（1）维修的预报和计划；

（2）周转时间；

（3）故障隔离时间；

（4）人员熟练水平与维修要求的相容性。

6．发动机管理方面的效益

通过分析发动机的问题、零部件的消耗和运转数据，能制定较好的发动机管理策略。

1.2　发动机状态监控与故障诊断的基础理论

1.2.1　发动机故障诊断学的研究对象及主要任务

1．发动机故障诊断学的研究对象

发动机故障诊断学的研究对象是完全组装好的、正在工作的或准备工作的发动机（有时也包括压气机、涡轮等单独的部件或单元体）。这种诊断通常不对发动机进行分解，所采取的诊断方法和手段应当是无损的。发动机的故障诊断与在生产过程中对发动机零件和材料进行的无损检验方法不同，后者不适用于组装好的发动机的故障诊断。

2．发动机故障诊断学的主要任务

发动机故障诊断学的主要任务在于揭示发动机的故障，即确定故障的部位、故障严重程度、预测故障的发生和发展趋势。根据发动机故障诊断学的观点，故障指的是发动机的一种不合格的状态，它的发生会影响发动机的正常工作或降低发动机的性能。

发动机的故障包括以下几种情况：

（1）发动机机械零件或构件损坏；

（2）发动机系统或设备丧失规定的功能；

（3）发动机的性能衰退，且超过规定值。

发动机故障诊断学可以在不同层次上解决以下几方面的问题：

（1）故障检测，指出故障；

（2）故障隔离（故障定位），将故障隔离到发动机的单元体或某个附件；

（3）故障辨识，指出故障的严重程度。

1.2.2　发动机状态监控与故障诊断系统的组成

1．发动机状态监控系统

如果将分散安装在飞机、发动机及地面基地上的各种类型的状态监控设备（包括硬件和软件）和技术保障人员、管理人员以一定的工作程序组合成一个系统，就是发动机状态监控系统（Engine Monitoring System，EMS），如图 1-1 所示。

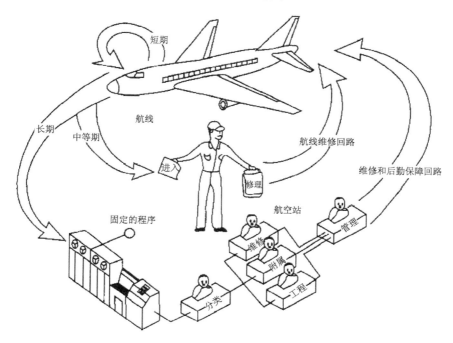

图 1-1 发动机状态监控系统

广义地讲，发动机状态监控系统的作用是采集、记录和处理飞行中和地面试验（检查）的数据，用以辅助发动机的设计、管理、安全使用、维修和后勤保障。其是发动机管理系统的重要组成部分，该系统的存在并不以设备的多少决定，其核心是以一定的工作程序构成的发动机控制体系，系统的完善则建立在状态监控与故障诊断设备发展的基础上。

2．发动机故障诊断系统

发动机故障诊断任务通过故障诊断系统来完成。故障诊断系统由作为被诊断对象的发动机、诊断方法和诊断执行人（必要时）3 者组成。

发动机故障诊断系统的效用取决于发动机的可监测性、诊断方法及诊断管理机构（操作者和技术文件）。

发动机的可监测性是指根据发动机的结构和装备来保证获取可靠地评价每台发动机的技术状态所需要的各种信息的可能性。

航空燃气涡轮发动机主要部件可能采用的诊断方法如图 1-2 所示。

诊断方法包括诊断技术和诊断算法两部分。

诊断技术是指采用物理方法（声、光、热、电等）直接或间接获取被诊断对象的结构参数（特别是微观的结构参数，包括裂纹、腐蚀、烧蚀、蠕变等）。诊断技术通常对应一定的诊断设备，如声振诊断装置、超声波检测仪、涡流检测仪、光学检测系统等。

诊断算法是根据发动机使用过程中的参数检测结果来考察被诊断发动机的"状态"与经过长期考察得到的同类型发动机的无故障"状态"之间的差别。它特别适用于正在运行中的批量生产的发动机，如基于故障方程的诊断算法。

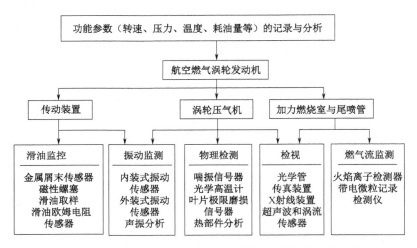

图 1-2 航空燃气涡轮发动机主要部件可能采用的诊断方法

1.2.3 发动机故障诊断学体系

目前，发动机故障诊断学已逐步发展并成为既有系统的理论又有具体的方法，既有现代的检测手段又有先进的分析技术，既直接应用于工程实际又与高新技术密切相关的学科体系。该学科的基本体系由基础理论、实施技术及实施设备 3 大部分构成，如图 1-3 所示。

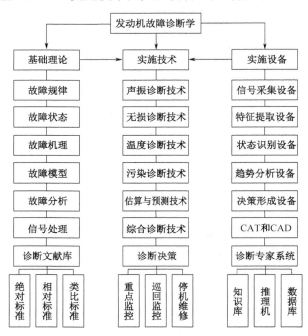

图 1-3 发动机故障诊断学的基本体系

（1）基础理论包括故障规律、故障状态、故障机理、故障模型、故障分析、信号处理等，这些理论为实施技术提供科学的理论依据。所以，基础理论相当于该学科基本体系的"软件"。

（2）实施技术通常具有较强的针对性。实施技术是该学科的主体，也是该学科建立与发展的重要基础。

（3）实施设备包括信号采集设备、特征提取设备、状态识别设备、趋势分析设备、决策形成设备等专用设备。这些专用设备为实施技术提供了必要的手段。因此，实施设备相当于该学科基本体系的"硬件"。

1.3 发动机健康管理系统简介

1.3.1 发动机健康管理的基本概念

目前，国外先进飞机的状态监控与故障诊断系统已经结合结构寿命管理技术而发展为健康管理（Health Management，HM）系统。

发动机健康管理（Engine Health Management，EHM）是指利用传感器获取发动机状态的数据信息，借助各种传统的和现代的数学方法来评估发动机及各系统的健康状态，预测发动机性能状态的发展趋势和可能发生的故障，并提供科学和恰当的排故和维修建议；在结构载荷监测的基础上，对发动机在安全工作条件下的剩余使用寿命进行预测。如表 1-1 所示是部分国外发动机诊断系统。

表 1-1 部分国外发动机诊断系统

系 统 名 称	诊 断 水 平	适 用 机 型
ECM II、EHM	发动机	JT8D、JT9D、PW4000 等
ADEPT、SAGE	发动机	CF6-50、CF6-80、CFM56 等
TEAMIII	单元体	PW4000
MAP	单元体	JT9D、PW4000 等
TEMPER	单元体	CF6-50、CF6-80、CFM56 等
IECMS	单元体	TF41
TEMS	单元体	TF34
EDS	单元体	F100
COMPASS	单元体	V2500 等

发动机健康管理是预测和健康管理（Prognostics and Health Management，PHM）技术在航空发动机领域的运用。系统的主要功能如下：

（1）航空发动机可测参数的数据采集与处理；

（2）测试系统、传感器自检及故障隔离（BIT）；

（3）航空发动机重要参数超限告警；

（4）航空发动机状态监控及趋势分析；

（5）航空发动机常见和危险性故障诊断及故障隔离；

（6）航空发动机关键部件载荷统计和寿命评估；

（7）提供航空发动机地面维修决策和建议。

目前，航空燃气涡轮风扇发动机是大型民用客机和运输机的主要动力设备，并且其安全性和可靠性等级都已经达到相当高的水平，使用和维修技术也已趋于稳定。尽管发动机已经有了很高的可靠性，但由于种种原因，发动机在飞行过程中仍偶有失效。发动机在空中失效会产生灾难性后果，因此需要建立适当的状态监控程序，寻找适当的手段和方法，进一步提高发动机工作的可靠性，避免严重后果的发生。

航空发动机的性能越来越先进，系统也越来越复杂。为了同时保证航空发动机性能的先进性、工作的可靠性和使用的经济性，在实际工作中会面临许多无法调和的矛盾。

EHM 系统能够在保证飞行安全的同时，减少航空发动机故障带来的运营成本，有效缓解航空发动机高性能与低成本这一难以调和的尖锐矛盾，使高性能的航空发动机在保证安全工作的前提下，在经济上具有可承受性。

通常，在首次出现机械故障和完全失效之间存在一段显著的时间间隔。在初始阶段，一个机械故障会引起航空发动机飞行性能的少量损失，表现为航空发动机的可测参数发生微小变化或航空发动机的滑油系统中产生金属屑末。利用状态监控技术收集这一段时间间隔内航空发动机的运行状态信息。并将此信息用于鉴别航空发动机的故障状态，就可以避免航空发动机空中失火或空中停车这类严重事故。

发动机健康管理是在传统的发动机状态监控、故障诊断的基础上发展而来的。在提升故障诊断准确性的基础上，进一步提高了对故障的预测能力，增加了寿命管理能力，并进一步与飞机上的综合信息系统融合，互为补充。EHM 系统综合利用计算机技术、信息技术、人工智能技术对航空发动机产生的信息进行获取、处理、特征提取、辨识和融合，通过监控航空发动机的健康状态预测其性能的变化趋势、部件故障发生的可能性和剩余使用寿命，通过提供恰当的维护和修理建议来减缓航空发动机性能衰退、失效的过程，避免部件故障引发的意外事故。

1.3.2　发动机健康管理系统的主要研究内容

在发动机健康管理方面，国内的技术水平与国外相比尚有一些差距，因此必须进一步开展对发动机健康管理系统的研究，及时追踪国外大型运输机维修保障的先进理念和方法，研发符合我国装备技术水平和具有自主知识产权的发动机健康管理技术。对发动机健康管理系统的研究主要包括以下 6 个方面。

1．发动机健康管理系统的技术标准

标准的制定是技术发展的前提，是提高技术水平、减少失误、少走弯路的重要保障。

发动机健康管理系统的技术标准包括总体模块结构设计、功能设计、性能指标设计、可靠性设计、维修性设计、信息安全设计等方面的内容。

2．发动机故障研究

在广泛收集故障信息的基础上，进行故障模式研究、安全性分析、故障数据统计规律研究，并对故障处置方法的难度进行分析和评估，为后续的维修保障决策提供参考。

3．智能化发动机故障诊断算法的工程应用研究

目前已有的并在大型飞机上使用的诊断方法很多，如趋势图分析法、发动机状态诊断法（也叫故障方程法）、指印图分析法、振动诊断法及金属屑末分析法等。正在研究中的有模糊模式识别方法、人工神经网络方法等。但是，要把这些方法由理论转变成实际工程应用并非易事，还需要解决很多工程实际问题。

4．发动机状态及寿命评估技术研究

把目前结构寿命评估的经验运用于发动机的寿命评估，探寻能代表发动机部件载荷和应力循环的特征参数，把地面采用的可靠性寿命评估方法移植到机载设备上。

5．发动机健康管理系统综合技术设计

发动机健康管理系统是多功能和多种诊断与预测算法共存的系统，所以系统的综合性设计非常重要，如诊断策略的逻辑决断和解决方案的优化等。

6．发动机健康管理系统硬件设计

发动机健康管理系统的硬件应包括功能需求分析、CPU 选型、电源管理、热管理、抗振及电磁防护等功能，还需要解决相应的实验技术问题。

思考题

1．发动机故障诊断学的研究对象和主要任务是什么？
2．简述发动机故障诊断学的基本体系。
3．什么是发动机的可监控性？
4．简述航空发动机状态监控与故障诊断系统的组成。
5．发动机状态监控系统的短期能力、中期能力和长期能力各有哪些？将产生哪些效益？
6．什么是传统维修方式和现代维修方式？
7．讨论发动机状态监控与故障诊断系统和维修方式变革之间的关系。
8．根据已有知识，列举航空发动机的实际故障，并指出其所属的故障类型。
9．发动机健康管理与以往的状态监控相比有哪些变化？

第2章　航空发动机的常见故障模式及机理

在飞机的机械故障中，发动机故障占 40%。发动机的压气机、燃烧室、涡轮等关键部件长期工作在高温、高压、高负载的环境中，是飞机上工作环境最恶劣的部件。航空发动机的故障类型十分复杂，分类方法也很多。

所谓故障模式，就是故障发生的具体表现形式。故障模式是发现故障外部表现之后，进一步观察到的现象。一种故障模式可能由多个原因引起。航空发动机由众多零部件组成，因此故障模式多种多样。故障原因是指引起故障模式的故障机理。在应力和时间相同的条件下，导致故障发生的物理与化学过程，称为故障机理。要发现航空发动机的故障，正确地进行诊断，就需要了解航空发动机的常见故障模式及故障机理。本章将介绍航空发动机的常见故障模式及机理。

2.1　故障分类

2.1.1　常见的故障类型

航空发动机的故障类型可以按照不同的方式进行分类。常见的故障类型见表 2-1。

表 2-1　常见的故障类型

序 号	分类依据	故障类型	定 义	原因及例子
1	按故障性质分类	误用故障	不按规定条件使用产品而引起的故障	多为人为事故，如误装或没严格遵守操作规定
		本质故障	产品在规定条件下使用，由于产品本身有缺陷而引起的故障	多为材料缺陷、设计不良等
		从属故障	由其他产品的故障所引起的故障	如发动机第一级压气机工作叶片折断，打坏了后几级叶片
		独立故障	不是由其他产品的故障所引起的故障	如压气机二级工作叶片因共振疲劳掉块
		早期故障	由设计和制造中的缺陷引起的故障	产品处于试制阶段；产品没有经过筛选就投入使用
		偶然故障	产品由于偶然因素引起的故障	如发动机吸入外来物，打坏第一级压气机工作叶片，甚至造成发动机停车
		耗损故障	产品由于老化、磨损、耗损、疲劳等引起的故障	多在使用过程中造成

序　号	分类依据	故障类型	定　　义	原因及例子
2	按故障发展速度分类	突发故障	通过事前的测试和监控不能预测的故障	性能指标突然失稳，如发动机熄火
		渐变故障	通过事前的测试和监控可以预测的故障	如发动机转子系统配合件松脱，间隙变大，导致转子不平衡，振动过大而超过允许值
3	按故障程度分类	部分故障	产品性能指标超过某种界限值，但没有完全丧失规定功能	如发动机整机振动超过了允许的界限值，但发动机没有停车
		完全故障	产品性能指标超过某种界限值，以致完全丧失规定功能	如发动机整机振动超过了允许的界限值，导致发动机停车
		间歇故障	产品发生故障后，不经修复在规定的时间内自行恢复其功能	如发动机空中停车未经修理能重新启动
4	按功能分类	功能故障	某项目不能满足规定的性能指标的故障	如发动机燃油压力突然下降，出现供油不足，使发动机推力下降，导致停车
		潜在故障	即将发生而又可以鉴别的故障	如滑油压力下降，可以通过故障监控系统监测出来
5	按故障的责任分类	关联故障	在解释试验结果或计算可靠性特征量的数值时必须计入的故障（现场使用中和试验中常见的故障）	对于可修产品，引起产品翻修的故障、耗损期内的耗损性故障应计入关联故障；对于不可修产品，出现的偶然性、耗损性故障均应计入关联故障
		非关联故障	在解释试验结果或计算可靠性特征量的数值时不应计入的故障（现场使用中和试验中常见的故障）	不引起产品翻修的故障、不可修产品的早期故障应计入非关联故障

　　从上述故障类型看，通过修改设计可以消除的故障属于非关联故障，如误用故障和从属故障，其他都属于关联故障。在实际工作中要分清这两类故障，因为在航空发动机的可靠性定量计算中，非关联故障是不计入的。航空发动机的故障类型十分复杂，其关联故障又细分为共模式、扩展式、共因式 3 大类。

　　共模式关联故障，是指同类型零件以相同模式多重、同时、关联地发生故障。如叶片颤振故障，即同一级转子上有多个叶片产生模式的故障，这些叶片大多存在相同的故障机理并有内在联系。

　　扩展式关联故障，是指某个零件产生的故障会影响其他零件。如旋转组件中某一零件出现故障，将影响其他相连件的正常工作，或者导致相连件产生故障。

　　共因式关联故障，是指不同零件由同一个原因引起的故障。如因转子的振动量过大引起连接件松脱等。

2.1.2　故障模式

　　航空发动机的故障模式十分复杂，由于航空发动机本身所具有的特点，使得其故障模式具有一定的特殊性。如图 2-1 所示是航空发动机故障模式与故障比率相关图。

　　从航空发动机故障模式与故障比率相关图可以看出，航空发动机的整机故障主要为性能故障、结构性故障和附件系统故障。

　　（1）性能故障：多为早期故障，表现为推力不足、过热、耗油率高，占 10%～20%。

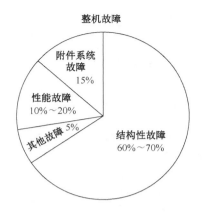

图 2-1 航空发动机故障模式与故障比率相关图

（2）结构性故障：多为突发性故障，如外来物损伤、强度不足损伤、高循环疲劳损伤、低循环疲劳损伤等，占 60%～70%。

（3）附件系统故障占 15%。

（4）其他故障占 5%。

1. 性能故障

性能故障多表现为发动机推力下降、转速摆动、耗油率过高、排气温度高、空中熄火等。该故障占航空发动机总故障的 10%～20%。性能故障多出现在发动机研制的早期，易于在厂内试车或出厂前发现和排除。有时发动机老化时也会出现性能故障，属于寿命后期的消耗故障。

2. 结构性故障

结构性故障的类型众多，且往往后果严重，这类故障是航空发动机的主要故障，并对其安全运行构成主要威胁。

1）外来物损伤

结构件受外来物冲击而导致的损伤称为外来物损伤，环境损伤也可视为另一种形式的外来物损伤。外来物冲击可导致零件产生压痕、划道、掉块、挠曲变形和断裂等。环境的影响可导致零件剥落、被腐蚀和表面积尘等。这些故障现象可形成零件重大故障的初因。

2）强度不足损伤

强度不足损伤指某零件在特定工况下，其载荷应力超过材料本身的断裂应力，导致零件破损或变形过大等，如挠曲变形、裂纹和断裂等。

3）高循环疲劳损伤

高循环疲劳损伤也称应力疲劳损伤，它取决于两个条件，即零件的疲劳应力大小和所受应力的循环次数，当循环次数达到一定数量时，零件便产生振动疲劳，一般应力循环次数为 10^5～10^7 次。

零件高循环疲劳损伤的断口位于零件的最大应力断面，起裂于疲劳源点。

高循环疲劳损伤为累积损伤，零件从出现初始裂纹到断裂要经过一定的循环次数，即一定的时间。它可以在发动机的某一个寿命期形成，也可以在相继的几个寿命期形成，主要取决于振动持续的时间。

3. 附件系统故障

附件系统主要指保证航空发动机正常工作的控制和保障系统，如滑油系统、燃油系统、启动系统等。这些系统发生的故障就是附件系统故障。

2.1.3　故障严酷度

为了度量航空发动机某种故障模式的严重程度，根据航空发动机的特点规定了故障严酷度，故障严酷度一般分为 4 类，如表 2-2 所示。

表 2-2　故障严酷度

严酷度分类	严酷程度	危害标准
Ⅰ类	灾难性	是一种造成人员死亡或系统毁坏的故障，如引起航空发动机空中停车且不易空中启动的故障，或者导致机毁人亡的故障
Ⅱ类	致命性	是一种造成人员严重受伤、部件或系统严重毁坏、航空发动机性能严重下降，从而导致任务失败的故障
Ⅲ类	严重	是造成人员轻度受伤、部件或系统轻度损坏，从而导致任务推迟执行、任务降级或系统不能起作用的故障，如导致提前拆换航空发动机或影响航空发动机完成规定功能的故障
Ⅳ类	轻度	是严重程度不足以造成人员受伤、部件或系统损坏，但需要非定期维修或修理的故障，如不足以导致提前拆换航空发动机或寿命降低，但仍需要一定的非计划维修工作的故障

故障严酷度是确定航空发动机关键件和重要件的主要依据之一，凡故障列入Ⅰ类和Ⅱ类的部件，可以视为发动机的关键件和重要件。

2.2　性能故障模式

据有关资料可知，燃气涡轮发动机的性能故障数量占故障总数量的 10%~20%。一般发动机的性能故障模式主要有：给定时间内发动机启动未成功；给定飞行条件下推力不稳定。

2.2.1　给定时间内发动机启动未成功

给定时间内发动机启动未成功的原因主要有：
（1）燃油控制系统未按启动控制规律对发动机进行供油控制；
（2）启动控制装置未接通启动点火电路；
（3）启动机功率不足，未能将高压转子推到发动机启动转速，或者起动机未正常工作；
（4）启动点火器未工作；
（5）启动时飞行姿态没有达到要求的攻角、侧滑角和马赫数；
（6）主油路未通；
（7）副油路未通；
（8）点火器电嘴表面积炭，影响点火功率。

2.2.2　给定飞行条件下推力不稳定

在给定的飞行条件下推力不稳定，短时间内推力出现较大的变化，导致发动机工作不正常，严重情况下导致发动机熄火，具体原因有：
（1）飞行姿态控制失效，攻角、侧滑角超过发动机正常工作要求范围，导致进气道出口气流畸变值超标，引发发动机喘振；

（2）发动机内传感器损坏或测量信号受干扰，引起燃油控制系统按错误的规律对发动机进行控制；

（3）发动机吞鸟或吞水量超过规定值。

2.3　结构强度故障模式

航空发动机的主要结构件易产生各种结构强度方面的故障，其主要故障模式有风扇、压气机叶片出现裂纹或断裂，压气机钛火故障，燃烧室组件故障，涡轮叶片出现裂纹或断裂，涡轮叶片烧蚀，涡轮盘裂纹故障，整机振动超过规定值，轴承故障等。

2.3.1　风扇、压气机叶片出现裂纹或断裂

风扇、压气机叶片出现裂纹或断裂的原因有以下 5 种。

（1）叶片气动弹性失稳出现颤振。

（2）叶片共振导致高循环疲劳损伤。

发动机工作时气体压力不均衡会导致叶片振动，当激振频率与叶片固有频率接近时，叶片会出现共振。如果叶片阻尼不够或激振力较大，叶片振动应力相应较高，经过一定循环次数，会导致叶片疲劳而出现裂纹。

值得注意的是，同级叶片由于本身几何形状、制造工艺和根部固持紧度不同，叶片同一振型的固有频率具有一定的分散度，所以同级叶片不可能全部形成共振，这是少数叶片出现故障的原因之一。

（3）叶片工艺质量不良。

叶片工艺质量未满足设计要求，导致疲劳寿命降低。如排气边缘半径小且不圆，造成应力集中；叶片表面粗糙，有抛光留下的砂痕，造成该部位应力集中；叶片表面在使用过程中受腐蚀严重。另外，叶片的材质、锻造工艺等对此也有很大影响。

（4）装配时间隙控制不良，在承受较大不平衡载荷时，叶片与机匣发生非正常碰磨。

装配时，没有严格控制安装间隙，导致间隙过小，当发动机转子承受较大轴向或径向不平衡载荷时，叶片尖端位移量较大，磨穿涂层直接与机匣发生严重刮蹭，导致叶片出现裂纹或断裂。

（5）外来物损伤。

2.3.2　压气机钛火故障

一些发动机的转子叶片和压气机机匣均采用钛合金材料。如果机匣上的防钛火涂层被磨掉，转子叶片和机匣金属就会直接相磨，可能会引起机匣着火。

2.3.3　燃烧室组件故障

燃烧室组件故障包括火焰筒裂纹、燃烧室出口温度场不均匀等。故障产生的原因主要是燃油雾化不良或火焰筒进气孔进气量不合理。

2.3.4　涡轮叶片出现裂纹或断裂

涡轮叶片出现裂纹或断裂的原因有以下 3 种。
（1）涡轮叶片高频振动疲劳，这与风扇叶片振动疲劳相同。
（2）涡轮叶片因晶界腐蚀开裂，产生晶界裂纹。
（3）外来物损伤。

2.3.5　涡轮叶片烧蚀

涡轮叶片烧蚀的主要原因是燃烧室内燃油与空气不匹配或燃油分布不均，导致燃烧室出口温度场不均匀度过大，局部温度超过涡轮叶片材料允许的最大温度值。

2.3.6　涡轮盘裂纹故障

涡轮盘的形状比较复杂，在工作中经常出现一些局部应力集中的高应力部位，如叶片榫槽槽底、榫槽齿根、中心孔边等部位，如果在这些部位存在腐蚀介质且应力变化幅值足够大，那么在一定循环次数后可能出现裂纹故障。

2.3.7　整机振动超过规定值

整机振动超过规定值的原因主要有两种。一种是在装配过程中减振环与轴承的尺寸选配不合理，油膜减振器减振效果不良，在发动机装配完成后的工作初期就出现故障。另一种是由于工作过程中外来物损伤、掉块等使发动机转子不平衡度增加，导致发动机在工作一段时间后整机振动超过规定值。

2.3.8　轴承故障

据统计，轴承故障是燃气涡轮发动机的多发故障之一，故障模式主要是滚动体或滚道出现压坑、麻点、剐蹭损伤或滚动体破裂。对于小型发动机来说，由于发动机直径小，轴转速高，轴承负荷较重，且轴承尺寸受到严格限制，因此轴承故障较多。故障原因主要是过载、转子振动量过大、润滑不良和加工质量问题。

2.4　航空发动机部件故障分析

2.4.1　压气机部件故障分析

压气机静子是压气机中不旋转的部分，由机匣和静子叶片等组成，它除了要承受静子叶片所受的轴向力、转矩和振动负荷，还要传递转子支承所受的各种负荷。

压气机转子是一个高速旋转的承力件，要承受弯矩、转矩，以及叶片和转子自身的离心力。其中，压气机转子叶片是航空发动机结构件中的主要部件之一，它对整机性能的影响很大。转子叶片数量多、形体单薄，所处的工作环境十分恶劣，并且承受较高的离心负荷、气动负荷及振动的交变负荷等，此外还会受到外来物的冲击和风沙、潮湿的侵蚀等，因此它一直是发动机中故障率最高的结构件之一。

1．压气机部件故障原因

从使用情况来看，压气机的静子叶片和转子叶片最容易发生故障，常见的故障模式有掉块、挠曲、裂纹、断裂和腐蚀等。故障的原因有外来物损伤、强度不足、高循环疲劳损伤和低循环疲劳损伤等。

1）外来物损伤

叶片受外来物冲击而导致的损伤称为外来物损伤，也可以广义地称为环境损伤，其故障模式主要有：外来物冲击导致的压痕、掉块、挠曲、变形和裂纹等，环境影响导致的麻点、腐蚀、剥落和表面积尘等。这些故障模式往往成为叶片挠曲、断裂等重大故障的初因，较严重的外来物损伤会使叶片报废。根据航空发动机的故障统计数据可以看出，压气机一级叶片受外来物冲击而导致叶片掉块和断裂的故障较多。

2）强度不足

叶片强度不足是指工作时叶片某一断面（或部位）的应力超过材料的断裂应力而导致的损伤。这种故障产生的原因多数是叶片设计时强度裕度不足，受瞬态冲击载荷作用，或者叶片截面内部有质量隐患。发动机中纯属强度不足造成的叶片断裂故障并不多，但一旦发生叶片断裂，其后果将十分严重。叶片强度不足的故障模式有挠曲、变形、裂纹和断裂等。

3）高循环疲劳损伤

叶片高循环疲劳损伤即通常所说的应力疲劳损伤，其取决于两个条件，即叶片的疲劳应力大小和叶片的应力循环次数。叶片高循环疲劳损伤的断口一般由几个区域组成，即疲劳源区、疲劳形成区、疲劳扩展区和疲劳撕裂区。其中，疲劳源区和疲劳形成区有较细密的疲劳弧线，其断口表面比较光滑；疲劳扩展区和疲劳撕裂区强度不足，其断面较粗糙，从疲劳弧线可以清楚地看到疲劳现象的形成与发展过程。

叶片的高循环疲劳断裂部位多位于叶片的最大应力截面，叶片的最大应力截面与振型有关。对于一阶弯曲振动，最大应力截面接近叶片根部；对于高阶弯曲振动，随阶次升高，最大应力截面向叶尖移动，其断口走向通常呈一条直线；对于扭转振型与复合振型，最大应力截面也随阶次的升高向叶尖移动，其断口走向是先平后翘。观察叶片的断裂部位与断口走向，可以判断叶片属于何种振型的振动故障。

叶片的高循环疲劳损伤大都属于共振疲劳损伤，排故方法是避开共振，可以采取改变激振频率或叶片固有频率的方法。高循环疲劳损伤的故障模式有裂纹和断裂等。

4）低循环疲劳损伤

叶片低循环疲劳损伤即大应变疲劳损伤，其应力比较大，损伤的疲劳循环次数比较低。低循环疲劳损伤多是叶片气动弹性失稳或叶片颤振导致的。

叶片低循环疲劳损伤的断口往往由几个区域组成，裂纹的形成区与裂纹的扩展区交织在一起，疲劳弧线比较粗糙。叶片颤振时往往伴随强烈的颤振声，对于某级转子往往是多个叶片同时颤振，形成一个扇形面，甚至有时某级叶片同时撕裂，其危险性很大。对于长叶片，有时也会在叶尖处产生局部颤振，其危险性也很大。

叶片颤振大多在特定的条件下产生，排除颤振通常采用叶片调频的方法，更有效的方法是改变作用在叶片上的气动力特性，加强气流与叶片形成的气弹耦合作用，或者采用结构阻尼减振的方法。叶片低循环疲劳损伤的故障模式有裂纹和断裂。

如表 2-3 所示是压气机部件主要故障模式及影响分析。

表 2-3　压气机部件主要故障模式及影响分析

名 称	故障模式	故障现象	故障原因	故障影响			检测方式	改进措施
				局 部	系 统	整 机		
叶片	掉块	叶身掉块	疲劳或外来物撞击	修理或报废	打伤后面的零部件	振动大，性能下降	孔探、目视检测	防止共振，减少外来物
	疲劳损伤	叶身有裂纹或断裂	振动疲劳损伤	修理或报废	打伤后面的零部件	性能下降，危及安全	孔探、目视检测	防止共振
	变形	减振凸台错位或搭接	低循环疲劳损伤或高循环疲劳损伤	修理或报废	引起叶片断裂	性能下降，危及安全	孔探检测	排除共振
轮盘	裂纹	出现裂纹	低循环疲劳损伤	修理或报废	引起轮盘开裂	危及安全	孔探检测	排除故障
		裂纹较大使轮盘开裂	低循环疲劳损伤或共振	修理或报废	打伤连接件	打穿机匣，导致停车	孔探检测	排除故障

2. 压气机转子叶片工作环境和受力分析

1）工作环境

（1）气流冲刷和外来物撞击。

压气机转子叶片位于发动机的前端，直接承受由进气道引入的高速气流的冲刷，同时遭受气流中的尘土、砂石及进入进气道的其他外来物的撞击，因此其表面结构的完整性会被破坏，甚至严重变形或断裂。

（2）大气腐蚀。

转子叶片一直暴露于大气环境中，因此会受到大气环境的腐蚀。工作时，气流中的腐蚀介质高速冲刷叶片表面，在表面造成冲蚀损伤；停放时，腐蚀性的大气环境也可能对其表面造成腐蚀损伤。

（3）温度作用。

由于空气在压气机内被压缩，其温度会升高，因此压气机后几级的温度会明显升高，最高可达 500℃。

（4）振动。

工作中，压气机转子叶片都要经受特定转速下的强迫振动或自激振动引起的共振、喘振和颤振。

2）转子叶片受力分析

压气机转子叶片工作在高速旋转的状态下，在工作时将承受自身离心力及离心弯矩、气动弯曲应力及气动弯矩、热应力和振动应力等的作用。其中，叶片自身重量在旋转时产生的离心力是转子叶片工作时承受的最大、最主要的应力；弯曲应力是气流冲击叶片时产生的，一般还伴随扭转应力。压气机转子叶片的工作温度低、温差小，由此引起的热应力一般很小，可不考虑。需要考虑的振动应力主要是共振、喘振和颤振等引起的，这些振动往往频率高，虽然强度不一定很大，但叠加在离心力上常可导致叶片疲劳断裂。

叶片各截面上任一点的总应力就是上述几类应力的和。由于热应力小，可不考虑，振动应力在设计中应予以避免，因此，可将叶片任一点的总应力看作离心力和弯曲应力的代数和。由于叶片截面上的离心力一般均匀分布，因此，弯曲应力最大的点就是该截面上总应力最大的点。通过分析计算和实验测试，在图 2-2 所示的叶片截面上，进气边、叶背和排气边对应的 A、B、C 3 点是总应力最大的点，也是疲劳裂纹经常萌生的位置。

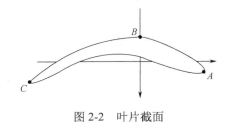

图 2-2　叶片截面

3. 压气机转子叶片常见失效模式的失效机理、特点和规律

根据失效分析的经验，压气机转子叶片常见的失效模式按引起失效原因的不同可分为以下主要类型（按发生的频率高低排序）：共振疲劳断裂失效、外来物打伤失效（包含由其引起的变形、断裂失效）、腐蚀失效（包含腐蚀引起的断裂失效）、材质缺陷失效、微动损伤疲劳失效、颤振疲劳失效。下面分别对以上几种典型失效的特点与规律进行介绍。

1）共振疲劳断裂失效

（1）失效机理与失效条件。

当激振频率与叶片的自振频率基本一致或呈倍数关系时，叶片就会发生共振。

叶片发生共振，需要满足两个条件：首先，要有一个合适的激振源，即有足够的能量引起叶片振动；其次，激振频率与叶片的自振频率具有倍数关系。

（2）失效特点和规律。

共振疲劳断裂失效是压气机转子叶片常见的一类失效模式，其主要特点如下。

①数量多。这类失效模式往往不会只发生在 1 台或 2 台发动机、1 个或 2 个服役单位上，而是在多台发动机、多个服役单位上重复发生。

②规律性强。裂纹萌生的部位、高度和裂纹的走向等基本相同。

③裂纹断口均具有高循环疲劳断裂的性质。一般断口细腻、平整，宏观上可分为疲劳源区、疲劳扩展区和瞬断区 3 个部分。疲劳源区一般只有一个疲劳源点；疲劳源区附近的条带特征不明显，但在疲劳扩展的中期和后期可见明显的微观疲劳条带特征；疲劳扩展区可见疲劳弧线和放射棱线，微观上有细密的疲劳条带，且条带的间距小。

④裂纹萌生的时间与叶片寿命无明显的对应关系，可能在早期也可能在修理后，但与其在共振转速下的工作时间有关。

⑤从裂纹萌生到断裂均有一个或长或短的发展过程。由于该类失效属于疲劳性质，裂纹的扩展有一个过程，因此，可以采取一定的措施进行检查和监控，如无损检测等。

⑥疲劳源区一般位于进气区、排气区或叶背应力较大处，疲劳源区的位置主要与叶片共振振型节线位置及缺陷的位置有关。

（3）失效原因分析。

导致压气机转子叶片共振疲劳断裂失效的主要原因均与设计有关。压气机转子叶片常见的、比较危险的共振振型主要有一阶弯曲、二阶弯曲、三阶弯曲、一阶扭转、二阶扭转五种，虽然在发动机的转速范围内共振是难以避免的，但常用转速下的共振是设计中需要避免的。现代航空发动机的转速都很大，压气机转子叶片在工作中需要承受很大的离心载荷和气动载荷，如果设计不当，其在某一常用转速下就会发生共振。此外，压气机转子叶片还要承受较大的振动载荷，即在离心载荷和气动载荷的基础上还要叠加振动载荷。虽然这种振动载荷的强度有时不是很大，但其频率一般较高，有时甚至可达几千赫兹，共振时一小时内的振动应力交变次数在 10^5 以上，而压气机转子叶片的疲劳失效循环次数为 $10^6 \sim 10^7$，因此，短时间内就可导致疲劳裂纹萌生。

2）外来物打伤失效

外来物是指发动机以外的物体，包括发动机工作过程中吸入的环境中的沙粒、鸟类、冰块、编织类物品，制造、修理、维护中的遗留物，以及发动机进气通道内松脱的螺钉、铆钉、垫片等。外来物打伤及由其引起的叶片疲劳断裂失效是导致发动机失效而提前返厂或引发严重飞行事故的主要原因之一。

不同外来物打伤发动机的特点和程度的差异较大。根据外来物本身的性质及其对发动机可能造成的危害，一般将常见的外来物分为金属类、砂石类和软物体类。下面分别对其打伤发动机的特点和规律进行分析。

（1）金属类。主要是螺钉、螺帽等金属件。金属类外来物对发动机的损伤最严重，危害也最大，有时会导致严重的飞行事故。金属件被吸入发动机后不易被叶片打烂，会反弹，然后随气流撞击叶片，如此往复，直至发动机停车或金属件被打烂进入后级通道。因此，金属类外来物往往会打伤多个一级叶片甚至全部一级叶片，也会在发动机的进气机匣、进气道整流支板或空气散热罩上留下大量的撞击伤痕。由于被打烂的零件碎块及叶片掉块会随气流进入后级通道，因此，它们将打伤之后各级的转子叶片，且一级比一级的伤痕数量多，但因碎块小，后级的损伤程度会较前级的轻。

（2）砂石类。包括花岗岩、石灰石、水泥块等。由于这类外来物的强度低，撞击后会碎裂，因此一般只能对压气机转子一级叶片造成损伤，如形成凹坑等。细小的砂石一般不会造成明显的直接危害，但尺寸大于 5mm 的砂石可将压气机转子一级叶片的进气边打出裂口。与金属类外来物相比，砂石类外来物造成的损伤面比较粗糙，没有明显的切削痕迹，有时附有砂石微粒。

（3）软物体类。包括各种编织物、木块、飞鸟、冰和沥青等。此类外来物会造成压气机转子一级叶片尖部进气边的弯曲变形，严重时可导致发动机空中停车。

软物体打伤失效一般具有以下规律：编织物往往会使相邻的几个叶片出现损伤，飞鸟有时只在少数几个叶片上造成损伤，进气道结冰往往会造成多数叶片损伤。软物体打伤叶片后，有时可在进气道、压气机内或伤痕表面找到相应的证据，如飞鸟损伤发动机后，可在进气道或压气机内找到残留的羽毛或鸟血；编织物打伤叶片后，伤痕表面可能有细小的纤维残留等。

3）腐蚀失效

腐蚀失效主要是指腐蚀诱发的疲劳失效。纯粹因为腐蚀导致叶片失效的现象很少发生，但在工厂的制造、修理过程中曾经发生过因放错槽液而导致叶片产生严重的点腐蚀现象。

需要说明的是，由腐蚀诱发的疲劳失效，其根本原因是腐蚀还是振动（交变载荷），需要进行振动应力分析和故障统计分析才能准确判断。例如，某发动机压气机转子二级叶片在叶根处的最大应力位置附近产生了一个 $0.05 \sim 0.15mm$ 的腐蚀坑，腐蚀坑引起局部应力集中，进一步提高了该位置的应力水平，导致了疲劳裂纹的萌生。但腐蚀坑不是该叶片断裂的根本原因，只是诱发因素，因为断裂位置本身就曾多次在没有腐蚀坑的情况下发生断裂故障。

不管是腐蚀引起的疲劳失效还是腐蚀诱发的疲劳失效，在失效源区均可找到腐蚀点和腐蚀特征。在扫描电镜下可以看到腐蚀形态和腐蚀产物，如沿晶特征、泥纹花样等；用能谱仪可测到腐蚀产物成分，如 S、Cl、O 等腐蚀性元素。

4）材质缺陷失效

一般由材质缺陷引起的失效会先萌生疲劳裂纹，然后导致叶片疲劳断裂。若为材质缺陷失效，则在裂纹源区均可找到明显的材质缺陷，如疏松、夹杂、折叠等，结合其他分析手段可较准确地判断出缺陷的性质和种类。

5）微动磨损疲劳失效

对压气机转子叶片来说，能够产生磨损的位置只有与盘榫槽接触的榫头。由于允许叶片有一定的切向活动量，即叶片榫头与盘榫槽配合面之间有一定的配合间隙，以补偿高温引起的膨胀量，降低热应力。因此，两者之间就不可避免地会产生微动磨损，从而导致疲劳裂纹的萌生。

由微动磨损引起的叶片疲劳断裂一般具有如下特征。

（1）断裂位置在叶片榫头上。

（2）断口具有高循环疲劳断裂的宏观和微观特征。

（3）疲劳裂纹起始于叶片榫头的侧表面或榫头与榫槽的配合面。

（4）叶片榫头侧面有与榫头长度方向垂直的不均匀的微小磨损痕迹、呈层状或山丘状的塑性变形痕迹和平行于断面的微小裂纹等，有时还可见高温变色、金属磨屑。

例如，某发动机相继发生了 5 起模式相同的第四级压气机转子叶片榫头部位折断的故障，这 5 起故障均具有明显的共同特点：故障发生时发动机均经过了 4 次以上的大修；发动机总寿命均在 460h 以上；折断的叶片均为旧叶片；均在同一工厂大修后出现断裂；断裂位置均位于与盘榫槽接触线附近的工作面上；断口性质均为高循环疲劳断裂；疲劳裂纹起源于叶背侧的榫头工作面表面；断裂源区没有明显可见的与裂纹萌生有关的材质及腐蚀、损伤缺陷；在与断裂源区对应的榫头工作面的表面上，均可见与叶片长度方向平行的摩擦损伤痕迹和塑性变形痕迹。这些特征均与微动磨损引起的疲劳断裂失效的特征一致，因此，分析认为微动磨损是导致这几起故障的原因。

6）颤振疲劳失效

（1）失效机理。

颤振疲劳失效是由于叶片在特定条件下与其他叶片弹性耦合，出现气动弹性失稳现象而导致的疲劳失效，它是压气机气动力学设计不佳的后果。

（2）失效特征。

颤振疲劳失效具有以下特征。

①颤振疲劳失效发生时，往往伴随强烈的类似火车笛声的颤振声。

②转子上常常有呈扇面分布的多个叶片同时出现裂纹，有时甚至所有叶片同时断裂。

③属于低循环疲劳损伤，损伤的疲劳循环次数低，一般小于 10^3。

④断口较粗糙，疲劳弧线粗大，疲劳条带间距较大，与共振疲劳断口有明显的差异。

⑤最容易出现颤振的振型为一阶弯曲振动、一阶扭转振动和弦向振动。

4. 压气机轮盘故障分析

压气机轮盘的典型故障模式有低循环疲劳裂纹的萌生和扩展、超转破裂、辐板屈曲变形，以及低循环疲劳和高循环疲劳复合作用下的裂纹故障等。

压气机轮盘在工作中主要承受离心力和热应力的作用，由于压气机轮盘的形状比较复杂，因此在局部应力集中部位，如榫槽槽底、榫齿齿根、小圆角及偏心孔、中心孔等部位经常出现低循环疲劳裂纹。

此外，压气机轮盘的辐板屈曲变形故障在轮盘设计不当，或者没有事先预估的情况下时有发生，尤其在压气机轮盘辐板的厚度减小时更为突出。

2.4.2　主燃烧室部件故障分析

主燃烧室是发动机中承受热负荷最大的部件，它还会受振动负荷和腐蚀等的影响，工作条件也很恶劣，常见的故障模式有火焰筒变形、出现裂纹或掉块，以及喷嘴有积炭、被腐蚀等。故障原因有高温热应力、机械振动、积炭、腐蚀和燃烧过程组织不善等。

1．高温热应力引起的故障

由于主燃烧室承受的热负荷大、温度高，同时局部受热不均，因此会产生很大的热应力，工作一段时间后在火焰筒头部、筒身、燃气导管等部位容易发生变形、出现裂纹或掉块等故障。排除这些故障的措施是加强冷却、改换耐热性能更好的材料，或者采用表面隔热涂层进行保护。

2．机械振动引起的故障

机械振动引起的故障多发生在联焰管上，如联焰管锁扣出现裂纹、火焰筒进气孔镶套松动等。此外，还有一个很严重的故障是喷嘴头部螺帽松动，由于喷嘴是火焰筒的前支承，如果螺帽装配时未拧紧，在承受很大的机械振动后就会松动，因此可能会造成主、副油路的喷口串油，从而使副油路单独工作时的供油及雾化燃烧过程恶化；也可能出现松动后直接向外漏油的故障。这些都会导致火焰拖长，烧伤或烧毁导向叶片和尾喷管等。

3．积炭和腐蚀引起的故障

在主燃烧室内，局部高温及富油的环境容易生成积炭，高温燃气容易引起腐蚀。积炭和腐蚀对喷嘴的影响最大，它们会破坏喷嘴表面，特别是破坏燃油出口的结构形状，使燃油雾化受阻，火焰拖长，从而烧坏叶片、喷管等。

4．燃烧过程组织不善引起的故障

燃油与空气不匹配或分布不均匀会引起主燃烧室出口温度场及发动机的燃气温度场不均匀，从而使发动机的总体性能受影响。最常见的是由温度场不均匀引起火焰筒壁局部温度过高，从而导致发动机扇形区的叶片产生裂纹或被烧伤。

主燃烧室部件主要故障模式及影响分析见表 2-4。

表 2-4　主燃烧室部件主要故障模式及影响分析

| 名称 | 故障模式 | 故障现象 | 故障原因 | 故障影响 | | | 检测方式 | 改进措施 |
				局　部	系　统	整　机		
火焰筒	热疲劳	头部、筒身、燃气导管变形、出现裂纹或掉块等	高温热应力	修理或报废	打伤叶片	使用性能和安全性能下降	孔探检测	加强冷却并防止过热燃烧
	振动	零件松动	振动过大	功能失效	燃烧不充分	使用性能和安全性能下降	孔探检测	排故
喷嘴	积炭和腐蚀	喷嘴表面被破坏	局部高温、富油、高温燃气	修理或报废	烧坏叶片和喷管	使用性能下降	孔探检测	排故

2.4.3 涡轮部件故障分析

涡轮部件承受很大的热负荷，还承受振动负荷和高温燃气冲刷腐蚀等，工作条件十分恶劣。

1. 涡轮转子叶片

涡轮转子叶片是航空发动机最主要的结构件之一，是高温、高负荷、结构复杂的典型热端构件，其性能和可靠性直接关系到发动机的性能、耐久性、可靠性和寿命。现代先进航空发动机的涡轮均有"三高"特征，即高温、高压和高转速。为了提高发动机的推重比，设计叶片时采用强度比高的新材料；为了提高冷却效果，普遍采用复杂型腔的结构和新工艺。涡轮转子叶片在发动机工作时，除承受转动产生的离心力、离心弯矩和离心转矩，气动力产生的弯矩、转矩和轴向力外，还要承受温度不均匀引起的热应力，以及振动负荷等。其主要的故障模式基本上与压气机转子叶片的故障模式相同。与压气机转子叶片不同的是，涡轮转子叶片受高温燃气流的作用，往往会出现热疲劳损伤故障。热疲劳损伤故障模式多数为叶片表面出现裂纹，叶片挠曲、变形等。涡轮转子叶片故障产生的原因归纳起来主要有：包括热疲劳在内的低循环疲劳，振动引起的高循环疲劳，高温长时间载荷作用下的蠕变变形和蠕变应力断裂，高温燃气冲刷腐蚀和氧化，以及外来物损伤等。

下面介绍涡轮转子叶片的主要故障模式及影响。

1）Ⅰ级涡轮转子叶片的典型故障模式

（1）裂纹。如进排气边裂纹、锁板槽裂纹、渗铝层开裂等。主要原因为超温或分解损伤。

（2）变形。如叶冠变形、进气边和排气边变形、封严齿变形等。主要原因为局部超温、分解损伤或外来物损伤。

（3）打伤。如进气边打伤、叶背打（划）伤、榫头碰伤等。主要原因为外来物损伤或分解损伤。

（4）冷却孔故障。如冷却孔边裂纹、掉渣或冷却孔堵塞等。主要原因为冶金缺陷或疲劳。

（5）铸造缺陷。如用小焦点 X 射线检查，发现缺陷超标造成叶片报废。

（6）超温烧蚀。如叶身有明显超温烧蚀特征，原因为超温使用。

（7）叶冠磨损。如叶冠磨损严重，无法修复，原因可能是振动过大。

（8）记录不清。如经无损探伤检查或其他检查判为不合格品，但具体情况已查不清楚。

（9）其他原因。包括腐蚀、渗铝层掉块、尺寸超差等。

2）Ⅱ级涡轮转子叶片的典型故障模式

（1）裂纹。如进气边裂纹、叶背裂纹、篦齿裂纹、叶根纵向裂纹等。主要原因为超温、疲劳损伤，以及篦齿与 n 级导向器叶片相磨。

（2）变形。如进气边和排气边变形、篦齿变形、叶尖变形等。主要原因为局部超温、外来物损伤或机械损伤。

（3）打伤。主要原因为外来物损伤或机械损伤。

（4）超温烧蚀。叶身有明显的超温烧蚀特征，原因为超温使用。

（5）叶片磨损。

（6）其他原因。包括腐蚀、渗铝层掉块、尺寸超差等。

2. 涡轮导向器叶片

涡轮导向器叶片前缘和尾缘易出现高温区，尾缘上下端壁处有较大的温度梯度，是叶片容易烧蚀的位置。

1）发动机超温使用对涡轮导向器叶片的影响

涡轮导向器叶片的工作温度较高，如果发动机超温使用，就有可能在叶片前缘和尾缘出现烧蚀。因此，在发动机的工作过程中，必须避免超温，尤其要避免启动时超温。因为发动机启动时，各部件都处于冷态，若突然加温，则会导致涡轮出口温度过高或尾喷管大量喷火，即使这个过程持续的时间很短，也会导致涡轮导向器叶片发生烧蚀、裂纹、断裂等故障。

2）燃烧室出口温度分布不均对涡轮导向器叶片的影响

发动机燃烧室出口温度场不均匀时，其中的局部高温气流通常被称为"热斑"（Hot Streak），试验数据表明热斑中的燃气温度可以达到主流温度的两倍，这种燃气温度分布不均的现象将严重影响涡轮的工作安全。

例如，分解检查某故障发动机时发现高压涡轮导向器中约 1/3 的叶片有烧蚀痕迹，位置集中在 4 点钟～6 点钟和 8 点钟～10 点钟；低压涡轮导向器叶片的烧蚀位置，相对于高压涡轮导向器叶片顺时针旋转了 2 点钟，如图 2-3 所示。

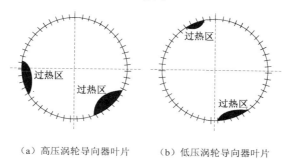

（a）高压涡轮导向器叶片　　（b）低压涡轮导向器叶片

图 2-3　涡轮导向器叶片超温分布示意图

对高压涡轮导向器叶片、低压涡轮导向器叶片和工作叶片进行金相检查，发现高压涡轮导向器叶片的 5 点钟位置达到了熔点温度以上，低压涡轮导向器叶片的 6 点钟位置附近达到了限制温度以上，工作叶片均未发现过热现象，发动机记录表明使用中并未发生超温告警情况，这说明燃烧室出口温度场不均匀，有局部超温的情况，但不存在整体超温。

3）喷嘴积炭引起的燃烧室出口温度分布不均

喷嘴流量和喷雾锥角是喷嘴性能的两大技术指标，其中喷雾锥角将直接影响燃油在燃烧室中的分布均匀性和雾化质量，因此对燃烧效率影响很大。如果喷嘴积炭，那么会造成喷口局部堵塞，阻挡喷雾锥角形成，导致喷油不均，燃油雾化质量不良，进而导致燃油浓度场不稳定，使火焰筒联焰困难，降低燃烧效率。严重时会引起火焰筒和涡轮导向器叶片烧伤。如果喷油雾化质量差或不稳定，供油过多和雾化不良的局部区域就容易出现火焰后移，造成局部热点温度上升和燃气温度场不稳定而烧伤涡轮部件等恶果。

4）燃油品质不良引起的燃烧室出口温度分布不均

燃油不干净或过滤不良会造成喷嘴油路堵塞，致使实际流量比设计的平均流量少，因此在启动点火时不能顺利点火，引起点火滞后；停车时，也会因为喷油量过少，造成提前熄火。因此，在使用中应保持油料干净并加强过滤，以防喷嘴堵塞，造成因喷雾锥角、雾化质量和喷油量发生变化而引起的涡轮烧蚀故障。

5）气流结构变化引起的燃烧室出口温度分布不均

喷嘴与旋流器不同心、喷口倒角不均匀、加工面粗糙度不达标、喷嘴组装质量不高或工艺性能不良，都会引起喷雾锥角各部位油量分配不均匀，致使火焰筒局部过热、掉块或出现

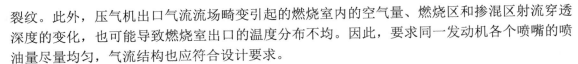

裂纹。此外，压气机出口气流流场畸变引起的燃烧室内的空气量、燃烧区和掺混区射流穿透深度的变化，也可能导致燃烧室出口的温度分布不均。因此，要求同一发动机各个喷嘴的喷油量尽量均匀，气流结构也应符合设计要求。

3. 涡轮盘

涡轮盘也是发动机的主要受力零件，其结构复杂，工作转速很高，轮缘和轮心间的温差很大，承受的离心应力和热应力会导致疲劳裂纹，如果不加控制，裂纹扩展后会导致涡轮盘破裂，其后果往往是灾难性的。厚度较小的涡轮盘在叶盘耦合振动时会产生高循环的振动应力，除振动应力外，还存在盘与轴或盘与盘之间的装配应力，以及在某种工作状态下由于变形而产生的附加应力。涡轮盘破裂大多会造成非包容性的毁坏，所造成的后果往往是灾难性的，涡轮盘破裂碎片击穿发动机机匣后可能切断油路或操纵系统，也可能穿透油箱与座舱，对飞机和乘员构成严重的威胁。

据统计，涡轮盘的主要故障有：涡轮盘外径伸长变形、涡轮盘辐板屈曲变形、涡轮盘超转破裂、涡轮盘低循环疲劳裂纹、涡轮盘裂纹扩展及断裂、涡轮盘振动开裂等。

（1）涡轮盘外径伸长变形故障。

如果涡轮盘的外径伸长变形超过允许值，那么会使固定在其上的工作叶片和机匣间的径向间隙减小，甚至相磨，使发动机无法可靠地工作。造成这种故障的主要原因有：由于结构不合理使涡轮盘局部工作应力过大；材料及热处理工艺选择不当，使涡轮盘材料的屈服极限值减小。这些均可能使涡轮盘局部产生过大的塑性变形，引起涡轮盘外径伸长。当涡轮盘材料有缺陷时，会进一步增加外径伸长变形量。

（2）涡轮盘辐板屈曲变形故障。

涡轮盘一般由有相当厚度的轮缘、薄的辐板和厚的中心轮毂 3 个部分组成，在恶劣的工作条件下，可能导致轮缘中心面相对于轮毂中心面产生永久性的轴向变形，即辐板屈曲。造成这种故障的主要原因有：涡轮盘型面不对称，涡轮盘两侧的压差和附加结构引起力矩，薄的辐板在盘体温度反向时受到大的压缩载荷作用。

（3）涡轮盘超转破裂故障。

发动机在正常加速过程中的瞬间超转、燃油调节器失灵、加力燃烧室故障等均会引起涡轮盘超转破裂故障。WP8 发动机 II 级涡轮盘曾发生过超转破裂故障。

（4）涡轮盘低循环疲劳裂纹故障。

涡轮盘在工作中主要承受离心应力和热应力作用，二者均随发动机工作状态的变化而变化。同时，还可能存在较大的残余应力作用。由于涡轮盘的形状比较复杂，因此在工作中经常出现一些局部应力集中的高应力部位，如涡轮盘榫槽槽底、榫齿齿根、偏心孔、中心孔、销孔等部位。若有腐蚀介质作用，且应力变化足够大，在一定循环次数后，则可能在这些部位出现裂纹。

（5）涡轮盘裂纹扩展及断裂故障。

涡轮盘的裂纹扩展主要分为两类：一类是由于材料中固有缺陷引起的潜在裂纹扩展，另一类是起源于高应力部位低循环疲劳的表面裂纹扩展。涡轮盘在有裂纹或缺陷的情况下，为了可靠工作，必须保持足够的损伤容限，因此需要通过改进抗断裂结构及采用可靠的检查方法来提高涡轮盘的损伤容限。

（6）涡轮盘振动开裂故障。

由于日益追求发动机的高推重比，涡轮盘的结构日趋轻型化，在高温和高载荷的工作条件下，涡轮盘的振动问题就显得更为突出。轻而薄的涡轮盘不仅自身振动严重，对工作叶片的影响也很大。涡轮盘及叶片的耦合振动会引起叶片振动特性的改变，形成频率密集、振型繁多的耦合振动现象。

涡轮部件主要故障模式及影响分析见表 2-5。

表 2-5　涡轮部件主要故障模式及影响分析

名称	故障模式	故障现象	故障原因	故障影响			检测方式	改进措施
				局部	系统	整机		
工作叶片	掉块	叶身掉块	过烧	修理或报废	打伤后面的部件	振动大	孔探、振动检测	防止过烧
	热疲劳	裂纹、挠曲、烧蚀	高温热应力	修理或报废	打伤后面的部件	性能下降，危及安全	孔探、目视检测	排故
	疲劳损伤	叶身和叶根部断裂	振动疲劳	修理或报废	打伤后面的部件	被包容	孔探检测	防止共振
	榫齿疲劳断裂	榫齿部出现裂纹或断裂	低循环疲劳或高循环疲劳	修理或报废	叶片飞出	断部飞出，打穿机匣，导致停车	孔探检测	排除共振
涡轮盘	榫齿疲劳断裂	出现裂纹	冷热疲劳	裂纹小于规定值时可用	—	—	孔探检测	排故
		裂纹较大时使涡轮盘撕裂	冷热疲劳或共振	修理或报废	轮盘断裂，打伤连接件或飞机	打穿机匣，导致停车	孔探检测	排故

2.4.4　加力燃烧室部件故障分析

和主燃烧室相比，加力燃烧室的特点是气体流速更快。加力燃烧室进口温度较高，进口压力较低，燃气中含氧量较少，其故障可以分为以下两种。

1. 加热振荡引起的故障

薄壁的加力筒体是一个大的燃烧室，常出现振荡燃烧，流经燃烧室的气流和燃烧过程都会引起筒体振动。振荡燃烧除了影响燃烧过程，还会损坏筒体、稳定器等，特别是压力脉动幅度最大的部位。加防振屏可以抑制横向振荡燃烧，调整喷嘴和稳定器的间距可以抑制纵向振荡燃烧。稳定器后的气流旋涡脱落，会引起火焰初始段加热量的周期变化，从而损坏该部位的加力筒体，调整燃油浓度的径向分布，可以削弱由稳定器旋涡脱落激起的振荡。

2. 燃烧过程位置不当引起的故障

发动机正常工作时，火焰应当在稳定器之后的区域产生，并逐渐扩展到全室。当加力燃烧室进口温度过高时，由于喷嘴和稳定器之间存在局部障碍物（如连接杆、螺栓等），其后的回流区往往会发生自燃现象，从而烧蚀稳定器。当加力喷嘴环上有喷嘴堵塞时，会扩展局部燃油的油滴轨迹，使局部的火焰在加力隔热屏之前扩及筒体，导致烧伤、烧穿隔热屏及加力筒体，烧坏后机身及附近的操纵系统，造成重大事故。

加力燃烧室部件主要故障模式及影响分析见表 2-6。

表 2-6　加力燃烧室部件主要故障模式及影响分析

名　称	故障模式	故障现象	故障原因	故障影响			检测方式	改进措施
				局部	系统	整机		
火焰稳定器	高温烧蚀	稳定器被烧坏	燃烧过程位置不当	修理或报废	燃烧不充分	使用性能下降	孔探、目视检测	排故

2.4.5 轴承故障分析

轴承用来支承转动轴或其他旋转零件，引导旋转运动，并承受支架载荷。轴承对其应用主机的工作性能、寿命、各项性能指标及可靠性都有很大的影响。在某些情况下，航空发动机的轴承失效会导致机毁人亡。1985 年 6 月 20 日，泛美航空公司的一架波音 747 客机的发动机失火（由附件机匣中的轴承损坏引起），先造成附件机匣着火，继而扩大到将发动机短舱烧掉一部分。美国装有 TF41 发动机的 A-7 飞机，由于发动机故障引起的 18 起坠机事故中，有 5 起是由轴承损坏引起的。因此，轴承的失效问题一直是航空部门研究的课题。航空发动机上应用的几乎都是滚动轴承，因此本节仅研究滚动轴承的失效问题。

1. 轴承失效的含义及分类

轴承在寿命期内失去其应有的使用性能，导致发动机故障或不能正常工作的现象，称为失效。轴承的早期失效是经常发生的，引起失效的原因很多且错综复杂，如结构不合理、材料质量和性能差、工作表面存在缺陷、过载、冲击、振动、安装不当、装备预负荷过大、润滑不良、发热或环境温度过高、磨料物质污染、有害气体和液体渗入、漏电等因素，均能造成轴承失效。

轴承的失效可分为两大类：止转失效和丧精失效。止转失效是指轴承终止转动而失去其工作能力。丧精失效是指轴承因几何尺寸变化，改变了配合间隙而丧失了原来的回转精度，此时轴承尚能继续转动，但属非正常运转。

2. 轴承的工作环境

航空发动机所用的轴承在高速和高温的环境下工作，其可靠工作的线速度很高，工作温度在 200℃ 以上。因此，除对轴承的用材提出新的要求外，发动机轴承还采用了喷油润滑，通过滑油的流动来达到冷却轴承及润滑的目的。但发动机刚启动时，轴承在一段时间内只能靠上次工作遗留的润滑剂来润滑。由此可知，航空发动机轴承的工作环境是非常恶劣的。

3. 轴承的失效模式

航空发动机主轴轴承的主要失效模式是摩擦磨损，而普通轴承以疲劳剥落为主。疲劳剥落往往伴随着严重的丧精失效，甚至止转失效；而摩擦磨损一般不会止转，精度丧失也很有限。各种轴承的工作条件和失效原因不同，因此失效模式也各不相同，具体有以下几种。

1）疲劳剥落

在交变接触应力的作用下，会产生材料疲劳剥落现象，这不仅发生在轴承表面下的最大切应力处，也发生在表面上。

（1）表面下的疲劳剥落。

在交变应力的作用下，最大切应力发生在距离轴承表面 0.2mm 的位置，其会使材料的最薄弱点产生微小裂纹，然后在交变应力的反复作用下裂纹不断扩大，最后导致金属剥落。

（2）表面上的疲劳剥落。

在锻造、冲压、热处理、冷加工轴承的过程中，轴承表面会残留非金属夹杂物、粗大颗粒碳化物，或者会出现微孔、皱纹、压坑等，在轴承工作时，受接触应力的作用，它们会脱离母体或由于塑性变形而引起微孔的聚集扩大后形成剥落。

2）划伤、擦伤

轴承零件的工作区被划出的具有一定深度、宽度、长度的沟槽称为划伤或刮伤。如果在滚动接触表面间落入外来小颗粒杂质或出现油膜局部破坏，就会使轴承零件的工作表面出现一组较为细小的划伤，通常将这组细小的划伤称为擦伤。

如果润滑油过滤不净，含有金属颗粒，或者在轴承的安装过程中有杂质混入，那么存在于两接触面间的硬质微小颗粒就会划伤工作表面。此外，在安装过程中，由于轴承零件与其他带尖角部位的硬物接触，也会使轴承零件的工作区产生划伤或擦伤。

3) 磨损

在临界润滑状态下，两个相互接触的物体相对运动时产生的表面损伤称为磨损。在较高应力的作用下，或者在缺油状态下，两个摩擦物体之间将产生大量的摩擦热，这种热有时足以使接触区局部达到熔化状态，从而使这些区域出现瞬时的焊合，随后又被撕裂，其后果是引起接触面的金属迁移，这种磨损称为黏附磨损。黏附磨损通常属于一种较为严重的磨损。有时，由于一些外来杂质混入接触面，如加工碎屑或某种硬粒子，也会造成严重的磨损，并引起表面的严重划伤，这种磨损称为磨粒磨损。

4) 轻载打滑

轻载打滑属于一种较为严重的磨损，只是产生方式特殊。滚动体和套圈滚道接触时，在极轻的接触载荷下（或在过量的润滑条件下），由于惯性力的影响，会使两接触件运动时接触点的线速度存在差异，因此两接触件之间将出现滑动现象，该现象被称为轻载打滑。滚子轴承中出现的轻载打滑现象，将造成滚道的摩擦磨损、表面疲劳、表面损伤等后果，其前期的损伤特征是出现表面擦伤，以及金属迁移现象。

5) 偏磨、载荷轨迹下移（爬坡）

所谓偏磨，是指在轴承工作中出现的偏向一方磨损的现象，这在滚子轴承的内圈表现得较为明显。所谓载荷轨迹下移（爬坡），是指在承受轴向载荷的球轴承中，外圈滚道上留下的受载轨迹过多地偏向沟道中心的一侧（靠近受载方向的挡边）。产生以上现象主要是因为轴承安装不到位，使得轴承工作时的受载状态改变。另外，在承受轴向载荷的球轴承中，游隙偏大也将产生载荷轨迹下移（爬坡）现象。

6) 两极磨损

在高速旋转并承受一定轴向载荷的球轴承中，由于离心力的作用，外圈承受的力要大于内圈承受的力，因此外圈接触角减小，内圈接触角增大。在轴向载荷一定的情况下，轴承转速越高，内圈和外圈接触角的差值越大。如果内圈和外圈接触角的差值很大，就会影响轴承中的摩擦力矩，此时的钢球由于与外圈的接触角小，在外滚道上几乎呈纯滚动状态，但在内圈上由于接触角大，钢球除承受滚动力矩外，还承受一个附加力矩，即陀螺力矩的作用，该陀螺力矩将使钢球在内圈滚道上产生自旋转运动，其结果是在与内圈接触的钢球上，产生具有一定面积的同心圆擦伤，擦伤面积的大小与内圈的接触角大小有关。

7) 振纹

轴承工作时，将在其内圈或外圈滚道表面产生的与滚动方向垂直、紧密排列的轴向平行条纹称为振纹。在高速向心圆柱滚子轴承中，内圈或外圈滚道的圆度与滚子直径相差较大，造成轴承的旋转精度降低，这是振纹形成的主要原因。

8) 裂纹

当轴承零件所受应力超过材料的强度极限时，其内部或表面便会发生断裂或出现局部断裂现象，这种断裂的宏观缺陷称为裂纹。裂纹产生的原因较为复杂，影响因素很多，如原材料、锻造或冲压折叠、热处理、磨削、应力等。

9) 压坑或撞伤

由于静载荷或冲击载荷的作用，使轴承零件工作面出现一定深度范围的永久性的变形，这类变形被称为压坑或撞伤。压坑的底部通常是光亮的。工作表面上出现的压坑或撞伤将严重影响轴承的寿命，绝不允许存在。

10）保持架变形

保持架的形状和尺寸在外力的作用下发生较大的改变，称为保持架变形。由于保持架通常采用强度较低的轻质材料制造，加上隔离滚动体的过梁尺寸一般较小，因此在外力的作用下，保持架容易产生塑性变形。

11）保持架镀层脱落或镀层起泡

保持架在镀银工序前处理不当，或者镀银工序中存在某些工艺问题，导致镀层与母体材料的结合强度低，造成工作时镀层脱落或镀层起泡。

12）锈蚀或腐蚀

金属和周围环境介质发生化学作用或电化学作用而引起的损坏称为锈蚀或腐蚀。在轴承中，往往还会出现一种摩擦腐蚀现象，即在接触表面上出现一些斑蚀坑。长期停放的航空发动机中的轴承容易发生腐蚀失效，特别是在沿海地区。腐蚀失效用肉眼难以观察，只能通过运转的噪声来分辨。

13）受热变色

受热变色即轴承工作一段时间后，表面上出现一种浅褐色沉积物，或者表面变为灰黑色（或紫色），失去了原有的金属光泽。由于温度上升使附着在轴承表面的油膜发生氧化反应，以浅褐色的氧化物膜的形式沉积附着在轴承的表面上，这通常不影响使用。由于轴承安装不到位，轴承在一种不正常的受力状态下工作，从而引起工作环境温度急剧上升，此时的温度如果超过轴承零件的回火温度，就会出现严重的烧伤现象，使轴承表面变为灰黑色甚至紫色，这种变色绝不允许存在。

2.4.6 转轴故障分析

在航空发动机的结构中，转轴是用来支承旋转部件或传递动力的机械构件，其处在高温甚至具有腐蚀性的工作环境中，会产生腐蚀疤痕和凹陷等，严重时会出现应力集中断裂。转轴断裂往往会引起灾难性的飞行事故。

航空发动机的主轴包括压气机轴和涡轮轴，在双转子发动机上又分为高压压气机轴、低压压气机轴、高压涡轮轴和低压涡轮轴。主轴是连接压气机与涡轮并传递动力的重要部件，一旦出现断裂故障，会造成极其严重的后果。在飞机飞行的过程中，主轴承受的载荷非常复杂，有转矩和轴向力、振动转矩和弯矩。在航空发动机高温区工作的主轴还承受热负荷及轴对称的径向载荷等。其主要的故障模式一般是由各种载荷引起的疲劳断裂和转子系统的振动。

转轴主要故障模式及影响分析见表2-7。

表 2-7　转轴主要故障模式及影响分析

名　称	故障模式	故障现象	故障原因	故障影响			检测方式	改进措施
				局　部	系　统	整　机		
转轴	疲劳断裂	出现裂纹	低循环疲劳或高循环疲劳	翻修或报废	压气机不工作	引发停车，危及安全	停车检修	排除共振,提高强度

转轴失效的类型主要有疲劳失效、磨损失效、腐蚀失效和变形失效。

1. 转轴的疲劳失效

1）弯曲交变载荷引起的疲劳断裂

当转轴承受弯曲载荷时，其应力在表面最大，中心最小。一般情况下，疲劳裂纹总是在表面萌生，然后沿着与最大正应力相垂直的方向扩展。当裂纹达到临界尺寸时，转轴会迅速断裂，弯曲疲劳断口一般与其轴线呈 90°。

（1）单向弯曲疲劳。

在交变单向平面弯曲载荷的作用下，疲劳破坏是从交变应力最大一侧的表面开始的，如图 2-4 所示。当转轴为没有明显应力集中的光滑轴时，裂纹由源区向四周扩展的速度基本相同。当转轴上有台阶或缺口时，由于在台阶或缺口根部存在一定的应力，因此疲劳裂纹在台阶或缺口根部两侧扩展速度较快，瞬断区面积也相对较大。

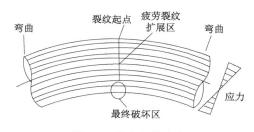

图 2-4　单向弯曲疲劳

（2）双向弯曲疲劳。

当转轴受到双向弯曲交变载荷时，疲劳裂纹从转轴对应的两侧萌生，并且几乎是同时向内扩展的。弯曲疲劳裂纹的扩展方向总是与拉伸正应力的方向垂直。所以，对于那些轴颈突然发生变化的圆轴，其断口往往不是一个平面，而是像器皿一样的曲面，这种断口被称为皿状断口，如图 2-5 所示是皿状断口形成示意图。

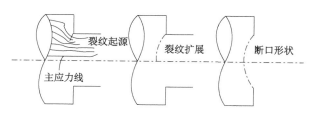

图 2-5　皿状断口形成示意图

2）扭转载荷引起的疲劳断裂

转轴在交变扭转应力的作用下，可能产生一种特殊的扭转疲劳断口，如图 2-6 所示为锯齿状断口。在双向交变扭转应力的作用下，在转轴各对应点上萌生的疲劳裂纹将分别沿着 ±45° 两个方向扩展，相邻裂纹相交后形成锯齿状断口。若在转轴上开有轴向缺口，如转轴上的键槽和花键，则会在凹槽的尖角处产生集中应力并萌生疲劳裂纹。特别是有花键的转轴，可能在各个尖角处都形成疲劳源，并同时向转轴的中心扩展，最后在转轴的中心汇合，形成星形断口，如图 2-7 所示。

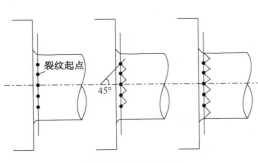

图 2-6 锯齿状断口

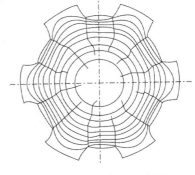

图 2-7 星形断口示意图

2. 转轴的磨损失效

转轴的磨损失效主要有磨粒磨损失效、黏着磨损失效和疲劳磨损失效。

1）磨粒磨损失效

转轴的磨粒磨损失效主要指润滑油中的沙粒、灰尘和其他碎片等外来硬质点在与转轴表面接触的过程中，按照切削机制在转轴表面产生磨削痕迹，从而使转轴的尺寸减小或形状改变，结果导致转轴不能完成规定的功能而失效。

2）黏着磨损失效

转轴的黏着磨损失效是指在转轴与配合件之间发生了固相黏着，使材料从一个表面转移到另一个表面的现象。这种磨损通常根据擦伤、划痕、咬合等表面痕迹特征来判定。表面被撕裂是黏着磨损特有的形态，两表面首先产生焊合，随后在相对运动的作用下被撕开。由于黏着磨损会产生过多的摩擦热，因此它常常伴随金属组织的变化，如形成热剪切带，或者使转轴局部回火、再硬化。

3）疲劳磨损。

转轴的疲劳磨损失效指的是转轴表面与配合件表面之间存在滚动摩擦、滑动摩擦或滚动加滑动的复合摩擦，在较高的接触应力作用下使轴表面由于疲劳而产生物质流失的过程。影响疲劳磨损的因素有接触应力、冶金特性（尤其是表面硬化层的特性）等。

3. 转轴的腐蚀失效

一般而言，因腐蚀性介质导致的转轴的均匀性腐蚀并不会严重降低其使用寿命。但是，腐蚀性介质一般易导致其表面产生麻点或蚀坑，而这些麻点或蚀坑会成为轴件的应力集中点，在交变应力的作用下萌生疲劳裂纹，从而导致腐蚀失效。腐蚀疲劳的扩展速度一般远高于疲劳裂纹在干燥空气中的扩展速度，并且因腐蚀性介质导致的麻点或蚀坑会加速疲劳裂纹的萌生。一旦出现腐蚀疲劳，转轴的寿命将大大缩短。转轴腐蚀失效的主要判据如下。

（1）转轴的工作环境中存在交变应力，并且具有腐蚀性介质。

（2）断裂表面颜色灰暗，无金属光泽，通常可见较明显的疲劳弧线。

（3）断裂表面上或多或少存在腐蚀产物和腐蚀损伤痕迹。

（4）断裂路径一般为穿晶型，有时出现穿晶与沿晶混合型或沿晶型。

4. 转轴的变形失效

转轴变形会使转轴丧失规定的功能，永久性变形则表明转轴所承受的应力已超过材料的屈服强度。转轴的变形失效通常通过测量转轴尺寸或测定转轴表面的残余应力来确定。

2.4.7　机匣故障分析

机匣是发动机的主要部件之一，它是发动机支承转子和固定静子的重要部件，发动机的推力通过机匣传到飞机上。因此，机匣是发动机的重要承力部件和传力部件。此外，机匣还与其他部件一起构成发动机的气流通道。

机匣的结构一般为带有安装边和加强筋的柱壳和锥壳，或者是由数个支板连接的两个或三个同心环组成的框架结构（轮辐结构）。包括进气机匣、风扇机匣、低压压气机机匣、中介机匣、高压压气机机匣、燃烧室机匣、涡轮机匣、涡轮后框架和外涵道机匣等。由于制造工艺不同，机匣又可分为铸造机匣、锻造机匣、焊接机匣，以及铸、锻、焊组合机匣 4 类，发动机上的大部分机匣为薄壳焊接机匣。

在工作状态下，机匣承受发动机的气体载荷和质量惯性力。这些载荷以轴向力、内压力、转矩、弯矩、切力的形式作用在机匣上。此外，作用在机匣上的还有热负荷（热端机匣）、循环载荷和振动载荷，不同部位的机匣所承受的主要载荷是不同的。

机匣的主要故障模式有裂纹、变形、失稳、外来物损伤和钛机匣着火等。根据国内外发动机机匣故障分析，故障原因通常可分为 10 类。

（1）低循环疲劳。
（2）高循环疲劳。
（3）蠕变。
（4）蠕变与低循环疲劳交互作用。
（5）强度或刚度不足。
（6）弹性失稳。
（7）热膨胀不协调。
（8）外场损伤。
（9）工艺质量差。
（10）钛机匣着火。

思考题

1. 常见的故障分类方式有哪些？各有哪些故障类型？
2. 造成发动机结构性故障的因素有哪些？
3. 详细说明故障严酷度分类的具体内容。
4. 发动机的性能故障模式主要有哪些？
5. 风扇、压气机叶片出现裂纹或断裂的原因有哪些？
6. 阐述压气机转子叶片常见失效模式的失效机理、特点和规律。
7. 引发主燃烧室部件故障的因素有哪些？
8. 涡轮转子叶片的主要故障模式及影响有哪些？
9. 简述涡轮盘的主要故障原因。
10. 轴承的失效模式有哪些？
11. 转轴的磨损失效主要有哪几种类型？
12. 转轴的疲劳失效主要有哪几种类型？
13. 发动机机匣的故障原因主要分为哪几类？

第 3 章　航空发动机状态参数监控与故障诊断方法

发动机一般是由数万个零件组成的，每个零件正常与否均关系到整个发动机的工作状况。发动机故障通常是由一些缺陷发展而来的，如零件的腐蚀和磨损、外来物损伤、发动机结构出现异常、安装配合关系发生变化、高温造成部件的烧蚀和裂纹等。使用经验表明，发动机故障与发动机的工作参数之间有着极其重要的关系，绝大多数故障都可以从参数的异常变化中分析出来，此外，通过参数的变化还可以预测发动机故障。

3.1　发动机的状态及状态参数的采集

3.1.1　发动机的状态

1. 状态

所谓状态就是发动机的技术状况，通常发动机的基本状态分为正常状态、异常状态和故障状态。

发动机、发动机附件或子系统的功能指标或物理指标均处于规定范围内时称为正常状态，这时发动机可以正常地完成规定的任务。处于正常状态下的发动机一般没有缺陷，或者虽有缺陷但在允许的范围之内（实际上某些缺陷几乎是不可避免的，如燃烧室裂纹）。

异常状态通常是一个相对的状态，这时发动机、发动机附件或子系统的功能指标或物理指标相对其原始数值发生了较大的偏差，但仍处于规定的范围之内，发动机尚可完成规定的任务，如发动机推力下降、排气温度升高、振动量增加等。

发动机、发动机附件或子系统的功能指标或物理指标低于规定的最低限制值时称为故障状态，这时发动机将无法完成规定的任务。故障状态往往是某种缺陷不断扩大然后经过异常状态发展形成的，但故障并不意味着失效。

发动机的状态是由其内在品质和外在环境条件共同决定的，内在品质和外在环境条件的变化，必然导致发动机状态的变化。如果让发动机一直工作下去，那么发动机随着使用时间的增加必然会经历从正常状态到异常状态，最后发展为故障状态的演变过程。

由于理论知识和技术的限制，以及状态类型本身的模糊性，对发动机基本状态的认识可能存在主观和客观上的差别，这种差别从理论上讲是无法完全消除的，所以既存在发生各种等级事故的可能性和必然性（主观上认为发动机处在正常状态，而客观上发动机已经处在故障状态，但仍然在继续使用），也存在大量的过度维修现象（主观上认为发动机处在或将处在故障状态或异常状态，而客观上发动机尚处在正常状态，就对其进行了维修、更换甚至大修）。从某种意义上讲，状态监控与故障诊断的目的就是尽可能地缩小这种差别。

2. 状态量（状态参数）

能够表征并区分发动机技术状况的各种连续的或离散的可测参数均可以称为状态量或状态参数（一般在基本理论中称为状态量，在工程实践中称为状态参数）。通常，这些状态参数既包括发动机的各种工作参数，也包括专门的监控参数，如发动机的转速、排气温度、振动频率、叶片裂纹尺寸等。即使对于同一个型号的发动机，由于个体差异和使用差异，状态量随着发动机工作时间的增加将形成一个连续的或离散的随机变化过程，利用测量、记录设备得到的这个随机过程的图形称为机械图像。在状态监控与故障诊断工作中将所有使用的状态量的集合称为状态向量。在实际工作中，由于使用的状态监控与故障诊断的方法不同，通常只选择使用状态向量的一个特定的子集。

3. 状态参数的监控

在实际工作中，通常利用状态参数来判断发动机是否处于规定的技术状况，如慢车状态、额定状态、最大状态和加力状态；反之，发动机规定的技术状况对应着一定的状态参数和特征。因此，发动机的状态参数可以用来监控发动机的状态，并且可以起到事半功倍的效果。

状态参数不仅包括仪表显示的工作参数，从广义上来说，还包括飞机座舱内的指示灯、多功能显示器等提供的发动机的工作参数信息，以及采用地面检测设备检测发动机时所得到的发动机的工作状态信息。

状态参数的主要功能如下：

（1）在发动机工作参数与给定的控制规律或工作模式不符时告警。

（2）发动机出现故障时，可以根据状态参数的变化情况进行分析，查找故障原因。

监控设备主要有仪表、指示灯、多功能显示器及飞行参数记录系统。舱内常见的仪表有转速表、排气温度表、进气道开度指示器等。

多功能显示器对飞机各系统和设备自检装置传来的信号进行逻辑处理，以信息的形式提供给操作者，以引起操作者注意或供操作者排除故障时参考。飞行参数记录系统用于记录飞机各系统和发动机的重要状态参数，为机务的维修工作提供科学依据，同时还用于检验飞行员操纵飞机的情况，辅助飞行训练和飞行事故调查。民用航空发动机的典型状态监控流程如图 3-1 所示。

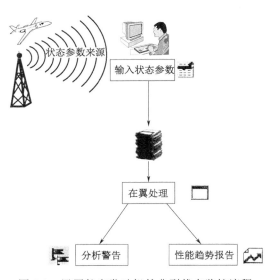

图 3-1　民用航空发动机的典型状态监控流程

3.1.2 发动机状态参数的采集

发动机的状态参数是通过发动机状态监控系统采集的。

1. 发动机状态监控系统的基本结构

发动机状态监控系统如图 3-2 所示。

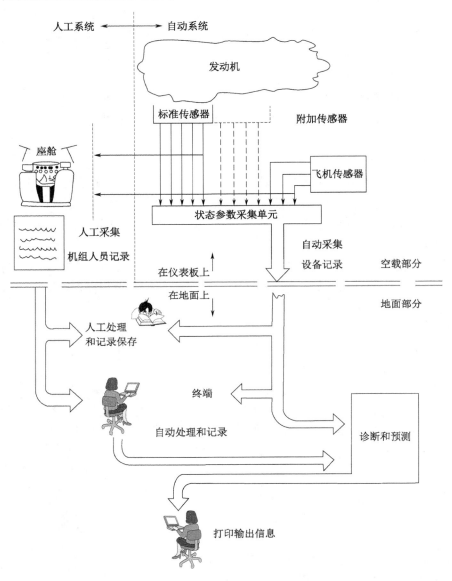

图 3-2 发动机状态监控系统

2. 典型的状态参数

典型的状态参数见表 3-1。

表 3-1　典型的状态参数

参　　数	功　　能					
	热端	机械系统	性能	控制	跟踪	趋势
马赫数（Ma）	—	—	×	×	×	—
高度和进口压力	×	×	×	—	×	—
进口总温	—	—	×	×	×	×
发动机排气温度（EGT）	×	—	×	×	×	—
油门杆角度	×	—	—	—	×	×
高压转子转速（n_2）	—	×	×	×	×	—
低压转子转速（n_1）	—	×	×	×	×	—
燃油流量（FF）	—	—	×	×	×	×
发动机压比（EPR）	—	—	×	×	—	—
中间级压气机压力	—	×	×	×	—	—
压气机出口压力	—	×	×	×	—	—
中间级压气机温度	—	—	×	—	—	—
压气机出口温度	—	—	×	—	—	—
振动	—	×	—	—	—	×
滑油消耗量	—	×	—	—	—	×
滑油温度	—	×	—	—	—	—
滑油压力差	—	×	—	—	—	—
滑油污染	—	×	—	—	—	×
排气喷口位置	—	—	×	×	—	—
静子位置	—	—	×	—	—	×

注：“×”表示包含，“—”表示不包含。

3. 发动机状态参数的采集

发动机故障诊断所需的状态参数既可以在飞机地面试车时采集，也可以直接在飞机飞行时采集。在飞机飞行时采集有以下几个优点。

（1）飞机飞行时的工作条件和工作状态是无法在飞机地面试车时模拟的。如大高度下亚声速飞行时的最大换算转速和低压气流。小高度下超声速飞行时高压气流，大涵道比双转子涡轮风扇发动机低压涡轮的高空工作状态，以及飞机机动飞行时的进口压力场等。

（2）飞机飞行时的某些现象在发动机地面试车时常常不能成功复现。如滑油系统的故障、在一定飞行状态下振动的增强、某些喘振现象、燃烧过程的异常等。

（3）在飞机飞行时采集状态参数不需要额外消耗时间、燃料和发动机的使用寿命。

基于上述理由，人们希望直接在飞机飞行时采集尽可能多的发动机状态参数。当然，这并不排除利用“地面”信息，直接在飞机地面试车（调试试车、长期试车、专门试车等）时采集状态参数仍是获取诊断信息的重要手段。

3.2　发动机的状态特征参数

发动机工作时的状态特征参数可用传感器采集，其可作为诊断发动机状态的依据。为了能够进行有效的状态监控，应该掌握各种状态特征参数的特性及选择状态特征参数的原则。

3.2.1 选择状态特征参数的原则

选择状态特征参数时除应考虑监控目的、使用方便性和经济效益外，还应考虑以下几方面。

1. 灵敏度

灵敏度是指静态测量时输出量的增量与输入量的增量之比，用 S 表示。即

$$S = \lim_{\Delta x \to 0}\left(\frac{\Delta y}{\Delta x}\right) = \frac{\mathrm{d}y}{\mathrm{d}x} \tag{3-1}$$

对线性测量系统来说，灵敏度为

$$S = \frac{y}{x} = \frac{m_y}{m_x}\tan\theta \tag{3-2}$$

式中，m_x 和 m_y 为 x 轴和 y 轴的比例尺；θ 为相应点切线与轴间的夹角。

也就是说，线性测量系统的灵敏度是常数，可通过静态特性曲线（直线）的斜率求得。对非线性测量系统来说，灵敏度是变化的，其灵敏度由静态特性曲线上各点的斜率决定。

应尽量选择灵敏度高的状态特征参数，如果建立了航空发动机状态数学模型，那么可以根据状态数学模型找出灵敏度最高的状态特征参数；如果没有建立航空发动机状态数学模型，那么可以通过实验分析比较找出灵敏度最高的状态特征参数。

2. 稳定性

状态特征参数受设备的工作条件（载荷、转速等）和测试条件（放大倍数、采样频率、采样长度和起始点位置等）的影响越小越好，即应选择对工作条件和测试条件变化不敏感的参数作为状态特征参数。在时域中无量纲参数的稳定性比有量纲的好，例如，如果选用振动信号的位移峰值 X_{max}，那么载荷或转速的变化都会使 X_{max} 发生变化，所以稳定性差；如果选用无量纲参数峰值系数 X_{max}/X_{rmx} 作为状态特征参数（X_{rmx} 为位移均方根值），那么可以避免这些变化带来的影响，提高稳定性。

3. 对应性

状态特征参数应能充分反映航空发动机的状态，最好是一个状态特征参数对应一种状态。但在很多情况下这是不可能的，同一个状态特征参数对应航空发动机的多种状态是常见的情况。

例如，燃油系统不正常会引起排气温度过高故障，但不能说排气温度过高故障一定是燃油系统不正常引起的，也可能是涡轮间隙过大引起的。在这种情况下，为了得出确切的诊断结论，就需要将多个状态特征参数组成诊断向量进行综合判断。

在故障诊断领域使用诊断向量判断设备状态的情况是很多的，例如，区分不对中和不平衡两种不同的故障状态时，就必须采用两个状态特征参数（信号频率结构的基频成分和二倍频成分）组成的诊断向量进行综合判断。

实际上，选择状态特征参数时很难同时满足上述要求，例如，对滚动轴承的早期疲劳剥落故障，振动信号的位移峰值 X_{max} 比位移均方根值 X_{rmx} 的灵敏度高，但稳定性相反。因此，在选择状态特征参数时，要根据具体情况权衡利弊，妥善处理。

3.2.2　发动机的状态监控

对发动机进行状态监控时首先要选择监控参数，监控参数应能准确反映发动机的健康状况，监控参数的变化趋势应能对应相关的发动机故障征兆。

此外，用于状态监控的参数还应满足以下要求。

（1）监控参数是可以测量的，且比较容易测量。

（2）能明确反映发动机的工作状态。

（3）监控参数的测量和数据处理误差应明显小于状态趋势变化所产生的变化量。

（4）对发动机性能变化的反应灵敏。

通过发动机仪表读取发动机工作时的相关参数，可以获取发动机的工作状态。

发动机仪表可分成两类。第一类用于监控发动机的机械状况参数，如滑油温度、滑油压力、压气机转速和发动机的振动信号，这组仪表读数在发动机工作时不得超过规定的范围；第二类用于监控发动机的性能参数，如发动机压力比、燃油流量和排气温度。

1. 主要气路监控参数

1）低压转子转速

低压转子转速即涡扇发动机风扇的转速。对于高涵道比涡扇发动机来说，绝大部分推力是由外涵气流产生的，所以状态监控中的低压转子转速一般用来表征涡扇发动机的推力。也有部分涡扇发动机采用发动机压比来表征推力，由于涡扇发动机的风扇大多由低压涡轮驱动，因此与低压涡轮和风扇单元体性能相关的故障也能通过低压转子转速反映出来。

2）高压转子转速

高压转子转速即涡扇发动机核心机的转速。涡扇发动机的高压压气机由高压涡轮驱动，发动机的高压转子与低压转子只存在气路关联，没有机械连接。高压转子转速在涡扇发动机核心机性能衰退或可变几何部件控制失效发生时，会有明显漂移。高压转子转速对于监控涡扇发动机整机性能趋势与故障识别的作用重大。

3）燃油流量

每小时进入涡扇发动机燃烧室的燃油质量即燃油流量，将燃油流量与其他参数对照可分析出涡扇发动机的故障。

4）排气温度（Exhaust Gas Temperature，EGT）

涡扇发动机中最重要且最有效的参数应为涡轮前的排气温度，但涡轮前的温度极高，且温度场不均匀，温度传感器难以准确测量。由于低压涡轮后的排气温度较低，温度场也相对均匀，且排气温度的变化与涡轮前温度的变化近似成正比，因此可以较准确地表征涡轮前的排气温度。

应密切关注涡扇发动机的排气温度，大部分航空发动机大修的原因是排气温度裕度（Exhaust Gas Temperature Margin，EGTM）不足。排气温度裕度是指发动机在外界大气温度为发动机拐点温度时，以最大状态起飞的排气温度与红线值的差值。

2. 振动监控参数

航空发动机的振动监控系统主要用于识别发动机的机械状态和故障，特别是转子系统的机械状态和故障。通过振动监控系统对发动机的损伤和非正常磨损进行早期检测，可提高飞行安全性并节约发动机的寿命周期费用。通常认为，振动信息包含了发动机丰富的机械状态信息（包含幅值、频率和相位等多种信息），能全面反映发动机结构系统的机械状态。对于高速旋转的机械而言，振动现象往往是最常见的问题之一。因此，发动机的振动监控与故障诊断是重要且不可缺少的。

选择振动信号进行故障诊断的优点如下。

（1）应用面广。航空发动机运行时都有振动，劣化程度增加，振动强度也增大。据统计，航空发动机 70% 以上的故障都是以振动形式表现出来的。

（2）振动量是多维的，如幅值、频率和相位，并且变化范围很广，便于区分不同种类、不同程度的故障状态。

（3）测量方便，技术成熟，可以在线监测。国内外已有许多专业的振动测量仪器。

（4）振动传递性强，通过传感器可以采集到较大范围内的故障振动信号。所以，航空发动机内部的齿轮、轴等的振动信息可以通过安装在机壳上的传感器采集。

振动信号的应用很广泛，通常采用航空发动机的振动信号来诊断其运行状态。

3. 油液监控参数

航空发动机上广泛使用轴承和齿轮等来支承转子和传递功率。这些部件在工作过程中，必然由于相对运动而产生摩擦，而摩擦将进一步导致磨损和产生大量的热量。滑油系统的作用就是带走磨损产物和热量，以维持轴承和齿轮等的正常温度状态，并在轴承的滚道与滚子之间、相啮合的齿面间形成连续的油膜，起到润滑的作用；另外，滑油系统中的滑油还可以作为某些液压装置（如挤压油膜轴承等）和操纵机构的工质。滑油系统对发动机可靠性的影响很大。一方面，滑油系统本身出现故障的概率比较大；另一方面，滑油系统的故障会引起较大的事故。

采用专门的方法，并将其与气路分析技术、振动监控技术相结合，对滑油系统进行状态监控和故障诊断，对于保证发动机安全可靠的工作是至关重要和必不可少的。这不仅能监控滑油系统本身，保证其工作的正常、可靠，而且有助于对发动机及其他子系统进行状态监控和故障诊断。

通常意义上的油液监控参数主要涉及以下 3 个方面。

（1）油液本身物理性质和化学性质的变化情况。

（2）油液中设备磨损物质的分布情况。

（3）油液中混入物质的构成及分布情况。

油液分析的目的如下。

（1）测定油液的品质，从而决定是否继续使用油液。

（2）鉴定及判别不同种类油液的品质，判断油液的优劣。

（3）通过油液中磨损产物的种类、分布、尺寸、形状等信息判断设备的运行状况，发现可能存在的问题。

（4）通过分析油液数据，预测滑油系统的潜在故障。

油液分析通常从油液成分分析、磨粒浓度分析和磨粒形态分析 3 个方面进行。油液中出现的不同化学元素，来源于含有相应元素材料制成的零件，通过对油液中所含化学元素的分析，就可以确定设备的磨损部位。一般来说，油液中的磨粒浓度与零件的磨损量存在线性关系，因此通过测量磨粒浓度，就可以判断零件的磨损程度。磨粒的大小与磨损速度有关，零件处于磨合阶段时，磨粒相对较大；处于正常磨损阶段时，磨粒细小而均匀，一般小于 3μm；

而达到磨损允许的极限值时，可能出现粗大颗粒，磨粒具有不规则截面。黏着磨损会出现条状磨粒，磨粒表面无光泽；齿轮和轴承的疲劳剥落，其碎屑呈片状，一面光滑而明亮，另一面是呈布纹状的粗糙组织；腐蚀磨损由于介质的性质、介质作用在摩擦面上的状态、摩擦材料的性能及腐蚀磨损状态的不同，磨粒特征各不相同。

4. 无损检测参数

无损检测技术利用材料的物理性质在有缺陷时发生变化这一事实，通过测定其变化量来判断材料内部是否存在缺陷，它的理论依据是材料的物理性质。目前，在无损检测技术中广泛利用的材料的物理性质有材料在射线辐射下呈现的性质，材料在弹性波作用下呈现的性质，材料的电学性质、磁学性质、热学性质及表面能量的性质等。因此，掌握这些物理性质及测量材料性质细微变化的技术，就成为无损检测技术的基础。也就是说，无损检测技术是利用材料内部组织和结构异常时引起物理量变化的原理，反过来用物理量的变化来推断材料内部组织和结构的异常。当然，物理量的变化与材料内部组织和结构的异常不一定是一一对应的，即材料的内部异常不一定能使所有物理量都发生变化。因此，需要根据不同情况选择不同的物理量，有时需要综合考虑几种不同物理量的变化情况，才能对材料内部结构和组织的异常情况做出可靠判断。

无损检测技术很多，在航空发动机检测中用得较多的有孔探仪检测技术、涡流检测技术、超声波检测技术、轴承原位检测技术。

1）孔探仪检测技术

孔探仪检测技术是一种光学检测技术，在不分解发动机的情况下，利用孔探仪能检测出发动机内部气路部件的破损、裂纹、变形、烧伤等多种故障。目前，孔探仪已经作为飞机（或发动机）的必备检测设备，用于飞机（或发动机）的日常维护工作。

2）涡流检测技术

当接通交流电的检测线圈靠近导电体时，导电体内部将产生涡流。由电磁感应理论可知，与涡流伴生的感应磁场会与原磁场叠加，结果使得检测线圈的阻抗发生变化。

由于导电体内感生涡流的幅值、相位、流动形式及伴生磁场不可避免要受到导电体的物理及制造工艺性能的影响，因此，通过检测线圈阻抗的变化即可非破坏地评价被检测材料或工件的物理或工艺性能，以及发现某些工艺性缺陷。

使用涡流检测技术可以对材料或工件进行电导率测定、探伤、厚度测量等。

3）超声波检测技术

超声波检测技术是一种利用超声波在介质中传播的性质来判断工件或材料的缺陷及异常的无损检测技术，即将超声波射入被检测材料或工件，根据其内部反射回来的损伤波判断缺陷的位置、性质和大小等。

4）轴承原位检测技术

轴承原位检测技术是在不分解航空发动机轴承的情况下，对轴承进行监控的检测技术。除可以用前面介绍的振动监控、油液监控外，对轴承还可以采用声学监控、温度监控、转子跳动量检测、转子脱开力矩检测、转子惯性运转时间检测等。

3.3 趋势图分析方法

在航空发动机故障诊断领域，有一些诊断方法和技术是比较常用的，如趋势图分析方法、指印图分析方法和滑油分析技术等。这些方法和技术在理论上比较浅显、易于掌握，在实际工作中已经得到广泛应用。

趋势图分析方法属于气路分析技术范畴，其基本思想是利用所测气路主要截面的压力、温度、转子转速、燃油流量和可调几何位置等参数，分析、判断与发动机气路有关的单元体和子系统的技术状态是否完好，并将故障隔离到这些单元体和子系统。这是目前发动机性能监控系统普遍采用的一种简单易行的手段。

趋势图分析方法的基本做法是，在规定的飞行状态下，由人工或自动采集装置记录发动机的监控参数值，然后与发动机的基线值进行比较并求出偏差值，并将这些偏差值绘制成随时间变化的趋势图（典型的趋势图如图 3-3 所示）。

3.3.1 性能参数的采集与预处理

在航空发动机的状态监控中，对于性能参数，通常不直接使用状态量的测量值来判断性能趋势，而是使用其换算值与其设计值的差值。

1. 数据采集

趋势图分析方法的有效性实际上取决于数据的可靠性和精度，而取得可靠和准确的数据依赖于数据的采集和预处理。

1）采集数据的要求

只能在下列情况下采集数据。

（1）巡航状态。

巡航状态是指在一定高度和马赫数时，飞机水平直线飞行 5 min 左右不动油门杆。

（2）关闭引气。

一般应在关闭引气时采集数据。

（3）气流和温度稳定。

湍流会影响发动机进气道和压气机的工作状态，且使发动机内部不能稳定工作。湍流还常常伴随温度的不稳定，这也会影响发动机的参数，所以数据必须在进气总温稳定后再采集。

2）采集数据的种类

在发动机的性能参数中，比较重要的参数有发动机的压比、高压转子转速、低压转子转速、排气温度和燃油流量。对于任何特定的发动机，在已知飞行状态（高度、马赫数、进气总温）下，这些参数的相互关系是一定的，若这些相互关系发生变化，则可能成为发动机内部状态发生变化的征兆。

另外，还有机械状态参数，如发动机的振动信号，滑油压力、温度和消耗量等。这些参数都可以被直接采集，并且可以用于趋势分析。

如波音 747 型飞机的 JT9D 发动机采集巡航状态稳定 5 min 后的低压转子转速、高压转子转速、排气温度、燃油流量，以及前、后机匣的振动 6 个参数。

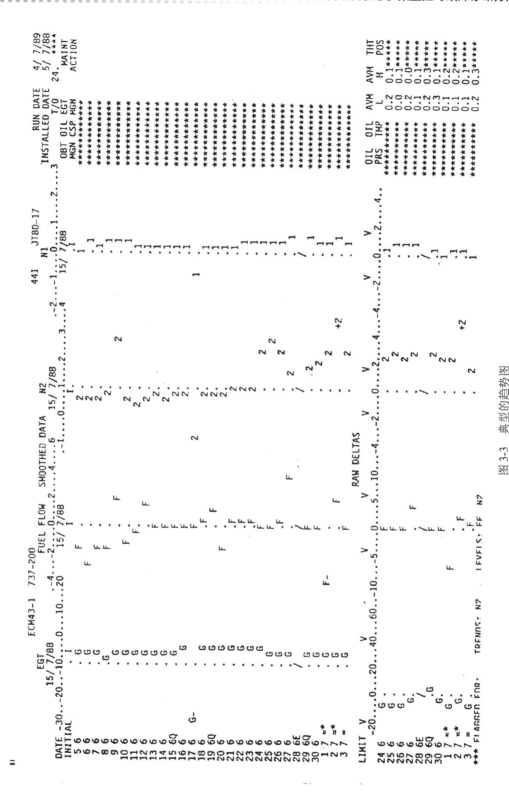

图 3-3　典型的趋势图

2. 相似转换

对于几何相似或相同的燃气涡轮发动机，如果对应截面上的同类物理量的比值分别相等，那么称发动机工作状态相似，即如果流过压气机进口的气流的绝对运动和相对运动的马赫数分别保持常数不变，那么压气机的工作状态是相似的。也就是说，在几何相似的前提下，压气机进口气流轴向速度 Ma_a 和工作轮圆周速度 Ma_u 分别保持常数，即

$$Ma_a = const \quad\quad\quad (3-3)$$

$$Ma_u = const \quad\quad\quad (3-4)$$

是工作状态相似的充分必要条件。一般称 Ma_a 和 Ma_u 为（决定性的）相似准则。

航空发动机的气路性能参数会在飞机飞行的过程中随着外界大气环境（大气温度与压力）的变化而变化，而状态监控是一个持续进行的过程，需要将在不同大气条件下获取的性能参数转换到同一个大气条件下。一般转换到标准大气条件下（$T_0 = 288.15K$，$P_0 = 101325Pa$）。

航空发动机状态监控的气路性能参数包括低压转子转速（n_1）、高压转子转速（n_2）、燃油流量（Fuel Flow，FF）、排气温度（EGT）。将上述参数转换到标准大气条件下的相似转换公式如下。

（1）n_1 相似转换公式：

$$n_{1cor} = n_1 \sqrt{\frac{288.15}{T}} \quad\quad\quad (3-5)$$

式中，n_{1cor}——转换到标准大气条件下的低压转子转速；T——外界大气静温。

（2）n_2 相似转换公式：

$$n_{2cor} = n_2 \sqrt{\frac{288.15}{T}} \quad\quad\quad (3-6)$$

式中，n_{2cor}——转换到标准大气条件下的高压转子转速；T——外界大气静温。

（3）FF 相似转换公式：

$$W_{cor} = \frac{W}{P} \times \sqrt{T} \times \frac{101325}{\sqrt{288.15}} \quad\quad\quad (3-7)$$

式中，W_{cor}——转换到标准大气条件下的燃油流量；W——实时采集的燃油流量值；P——外界大气压力；T——外界大气静温。

（4）EGT 相似转换公式：

$$EGT_{cor} = EGT \sqrt{\frac{288.15}{T}} \quad\quad\quad (3-8)$$

式中，EGT_{cor}——转换到标准大气条件下的排气温度；T——外界大气静温。

3. 相似转换的修正

在进行数据采集时，有时需要对发动机监控参数的相似转换进行修正处理。进行修正处理前需要假设进气是分以下两个步骤进行的：

（1）气流在进入发动机前是静止的；

（2）气流是以静止状态进入发动机。

因此，在飞行状态下，可以认为气流在 0-0 截面（气流未扰动截面），是以 $v=0$、PH^*、TH^* 加速流进发动机的。

外界大气总温计算公式：

$$TH^* = TH + \frac{c_f^2}{2c_p} \tag{3-9}$$

外界大气总压计算公式：

$$PH^* = PH + \frac{\rho c_f^2}{2} \tag{3-10}$$

式中　TH^*——发动机工作时测得的实际外界大气总温；

　　　PH^*——发动机工作时测得的实际外界大气总压；

　　　TH——发动机工作时测得的实际外界大气静温；

　　　PH——发动机工作时测得的实际外界大气静压；

　　　c_f——发动机工作时测得的空速；

　　　c_p——发动机工作时测得的外界大气定压比热容；

　　　ρ——发动机工作时测得的实际外界大气密度。

3.3.2　基线模型的建立

一台发动机正常工作时的性能参数会随飞行条件、环境条件、发动机的工作状态、飞机引气量和功率提取量的变化而变化；对于防喘、放气、可变几何和可调涡轮冷却空气的发动机，性能参数还会随这些系统的工作状态而变化，因此不能直接用测量得到的性能参数来判断发动机的性能状况。

发动机基线是指新的无故障发动机的名义工作线，表示发动机正常工作时其参数与工作状态的关系。发动机的型号不同，其基线模型也不同。当发动机发生故障或性能衰退时，实时参数将偏离基线形成偏差，通过该偏差值可以对发动机进行故障诊断。

但是，偏差值的大小不仅受到实时参数与基线值的影响，还受到制造装备误差和使用条件的影响，如图 3-4 所示是偏差值的影响因素。对于制造公差和调整差别及仪表系统误差所导致的偏差值不准确，可以用发动机的初始值进行修正。初始值是性能恢复后的发动机在最开始的若干个航班中所计算的偏差值的算术平均值。对于仪表测量不重复性的影响，可以通过数据的平滑处理来进行修正。

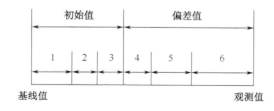

1—制造公差和调整差别；2—发动机安装影响；3—仪表系统误差；

4—仪表测量不重复性；5—尚未考虑到的因素；6—故障

图 3-4　偏差值的影响因素

基线模型一般由发动机的设计和制造部门编制，可以通过以下方法获取：

（1）利用相同型号的多台无故障发动机多次试车得到的性能数据和飞行试验数据；

（2）对发动机的工作过程进行数值模拟；

（3）综合利用上述两种方法。

即使是同型号的发动机也会由于制造装备误差或使用条件的不同而影响偏差值的大小，可通过给每台发动机设定初始值的方法消除此类误差。初始值的设定步骤如下：

（1）选取发动机性能恢复后无故障的 20 个性能参数的数据进行相似转换；

（2）求出相似转换后的性能参数数据与相应基线值的差，即求出 20 个偏差值；

（3）将 20 个偏差值的算术平均值作为初始值。

值得注意的是，在发动机经过气路维护或调整过可变几何位置后，要重新确定初始值。

3.3.3　偏差值的平滑处理

为了减小随机误差及人为错误的影响，提高趋势图的可读性，在绘制趋势图之前通常需要对偏差值进行平滑处理。

1. 常用的平滑处理方法

如果直接用偏差值绘制发动机的趋势图，那么由于趋势图中数据的离散度大，很难呈现出参数变化的趋势。此外，粗大的误差点也将导致趋势图的可读性差。因此，必须对偏差值进行平滑处理，常用的平滑处理方法有以下几种。

1）指数平滑法

$$Y_{s,n} = Y_{s,n-1} + \alpha(Y_{s,n} - Y_{s,n-1}) \tag{3-11}$$

式中，α 为平滑系数，$0<\alpha<1$。α 越小，可略去随机误差的有效性越强，但要经过较长时间才能反映参数的真实变化。α 的取值范围一般为 0.2～0.4。

2）6 点平滑法

6 点平滑法属于移动平滑法。该方法取当前点及其前 5 个点共 6 个点进行计算。平滑过程是将这 6 个点的原始值按大小排序，去掉最大值和最小值，将余下的 4 个值取算术平均值作为当前点的平滑值。

3）统计平滑法（10 点平滑法）

统计平滑法建立在统计学的基础上，发动机状态监控系统常使用此方法进行平滑计算。统计平滑法可避免过度平滑掉发动机的突发故障，能较好地保留突发故障，略去粗大误差。

2. 统计平滑法的应用

统计平滑法取某一气路性能参数相似转换后的偏差值及其之前的 10 个偏差值，对当前参数进行平滑计算。统计平滑法的步骤如下。

（1）取某一性能参数 ΔY_i 及其之前的 10 个值 $\Delta Y_{i-10}, \Delta Y_{i-9}, \cdots, \Delta Y_{i-1}$，它们呈正态分布，构成时间数据序列。

（2）计算均值和标准差，计算公式如下：

$$\Delta \overline{Y} = \frac{\Delta Y_{i-10} + \Delta Y_{i-9} + \cdots + \Delta Y_{i-1}}{10} \tag{3-12}$$

$$S = \sqrt{\frac{\sum_{t=1}^{10}(\Delta Y_{i-t} - \Delta \overline{Y})^2}{10-1}} \tag{3-13}$$

（3）由 S 和数理统计 t 分布表可获得置信水平为 95% 的置信区间，即

$$\left\{\Delta\overline{Y} - \frac{S}{\sqrt{10}}t_{0.025}(10-1), \Delta\overline{Y} + \frac{S}{\sqrt{10}}t_{0.025}(10-1)\right\} \tag{3-14}$$

（4）将 ΔY_{i-10}，ΔY_{i-9}，$\cdots$，ΔY_{i-1} 中不在置信区间内的数据。

（5）让剩余的数据重复以上过程，直至所有未平滑的偏差值均在置信区间内或不超过 3 个。

（6）将 ΔY_i 与最终置信区间比较。

①若 ΔY_i 在最终置信区间内，则将 ΔY_i 与最终均值进行算术平均，其算术平均值即 ΔY_i 的平滑值。

②若 ΔY_i 不在最终置信区间内，则直接用 ΔY_i 绘制趋势图，并在图中做出标记以示区别。

3.3.4   趋势图分析

借助趋势图，可以进行以下分析工作：

（1）将每个监控参数的偏差值同极限值相比，检查有无超限情况；

（2）根据各监控参数的不同变化趋势，判断引起变化的可能原因，为故障隔离提供帮助；

（3）隔离部分指示系统故障；

（4）根据各监控参数的变化趋势，对未来飞行中各参数的大小进行趋势预报。

要分析监控参数的变化趋势，就要掌握发动机的性能及其故障的特点、各个部件失效时对发动机性能的影响。除此之外，还必须时刻监控数据点的突然变化。但是，以上分析只能得到定性的结论，进一步的诊断工作必须依靠其他检测手段。为了预测各种参数的发展趋势，还可以利用预测技术对数据进行处理，如建立数据的时间序列模型等。

如图 3-5 所示是第一级涡轮叶片固定铆钉失效故障的趋势图。从趋势图中可以看出，故障在 7 月 13 日被探测出来，7 月 16 日飞机的振动数据突然增大。利用孔探仪检测发现，第一级涡轮叶片故障是由叶片的固定铆钉失效引起的。

如图 3-7 所示是第一级涡轮叶片叶尖间隙过大故障的趋势图。从图中可以看出高压转子转速和低压转子转速在所记录的范围内没有明显的变化，但排气温度明显偏离了原来的值，升高了 2.0%，同时燃油流量也增加了 2.5%，说明发动机结构出现了异常。经检查，确认故障为第一级涡轮叶片叶尖间隙过大造成了漏气。

趋势图分析有以下不足：

（1）数据采集时的要求较高，不但要求飞机的飞行状态稳定，而且要求每台发动机的测量系统必须稳定。如果更换了测量系统，或者将发动机更换到不同的飞机上或同一架飞机的不同位置上，均可能引起趋势曲线的异常。

（2）多数情况下只能发现发动机的异常，无法确定故障原因。

（3）对发动机的许多故障不够灵敏。

尽管趋势图分析方法有以上不足，但实践证明，趋势图分析方法仍是一种简单、有效、经济、实用的状态监控方法。通常将趋势图分析方法与故障诊断方法联合起来使用，一般是先用趋势图进行状态监控，发现异常后再用状态方程法或其他故障诊断方法来进行故障诊断。

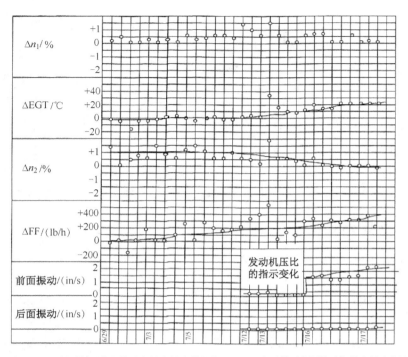

注：$n_1/\%$—低压转子实际转速与最大转速的比值；$n_2/\%$—高压转子实际转速与最大转速的比值

图 3-5   第一级涡轮叶片固定铆钉失效故障的趋势图

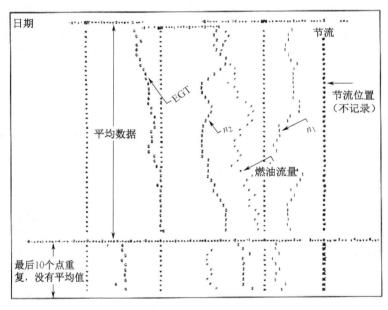

图 3-6   第一级涡轮叶片叶尖间隙过大故障的趋势图

3.4   指印图分析方法

指印图分析方法属于气路分析方法。它的基本原理是根据以往大量的故障现象，以及发生故障时发动机性能参数的变化，总结出有规律的典型的故障样板，然后将发动机具体的性能参数变化情况与故障样板对照，从而判定该发动机的状态，并利用其他手段进行故障隔离和定位。

指印图分析方法是建立在航空发动机的状态监控、趋势分析及可靠性基础上的一种故障诊断方法。利用指印图进行故障诊断需要大量的技术支持，包括有效的状态监控技术、准确的性能参数数据、趋势图分析方法的支持和大量准确的故障样本。故障样板是在对以往发动机故障诊断的经验总结和大量故障数据（故障样本）统计分析的基础上建立起来的，故障样本的准确性是保证故障诊断结果正确性的基本条件。

3.4.1　指印图

航空发动机在一定的飞行条件下（如地面操作、巡航、爬升、降落等）和一定的压比下，都有一组对应的发动机状态参数，如高压转子转速、低压转子转速、排气温度和燃油流量等。当发动机出现故障时，会引起状态参数的变化。发动机故障状态下的状态参数相对于发动机正常状态下状态参数的变化量称为状态量偏差。同一故障状态下，各个特性参数的偏移方向和变化量各不相同，若将其绘制成样条图，则形同参差不齐的手指，因此叫指印图。每种故障状态都有一组状态量偏差与之相对应，虽然每次发生同一故障时，状态量偏差不可能完全相同，但其统计量（均值）具有稳定性。对大量的故障经验数据进行统计分析可以得到相对稳定的样板，不同的故障对应不同的样板，这可以作为故障诊断的依据。

如图 3-7 所示是 JT9D-7R4 发动机的指印图。利用指印图进行故障诊断需要状态监控、数据记录与趋势分析等技术的支持。不同类型的发动机一般采用不同的状态监控系统，如普惠公司将 ECM II 系统用于 JT9D 和 V2500 发动机的状态监控和趋势分析。

3.4.2　指印图分析方法

利用指印图分析方法进行故障诊断时，首先要对发动机的状态参数进行采集，经过趋势图分析得到代表实际发动机状态量偏差的指印图，即故障样板。然后，将故障样板与已知的各种故障模式的指印图进行对比和分析，以确定实际发动机的故障属于哪种模式。其中，指印图分析是故障诊断过程中最关键的一步。

利用指印图进行故障诊断时一般有以下几个步骤。

（1）分析趋势报告。

首先要分析趋势报告，看发动机的状态参数是否有变化。

发动机状态参数的偏移可能是由两种原因引起的。一种是由故障引起的异常变化，反映在趋势图中往往是一种突变；这种异常变化发生时一般都预示着物理故障的发生，需要加以警觉；这种情况下的故障诊断可以利用趋势图分析方法。状态参数偏移的另一种原因是，发动机在正常使用的过程中性能逐渐衰退，这是一个渐变的过程；性能衰退引起的状态参数的偏移严重到一定程度时，就意味着发动机进入到非正常工作状态。

（2）如果状态参数有变化，要注意哪些参数发生了变化、何时发生了变化及变化量。

（3）注意其他信息，如飞行员报告中是否有与发动机有关的信息，在参数变化的前一天是否有维修活动等。

（4）利用指印图分析故障。

（5）利用其他方法确定故障是否存在并排故。

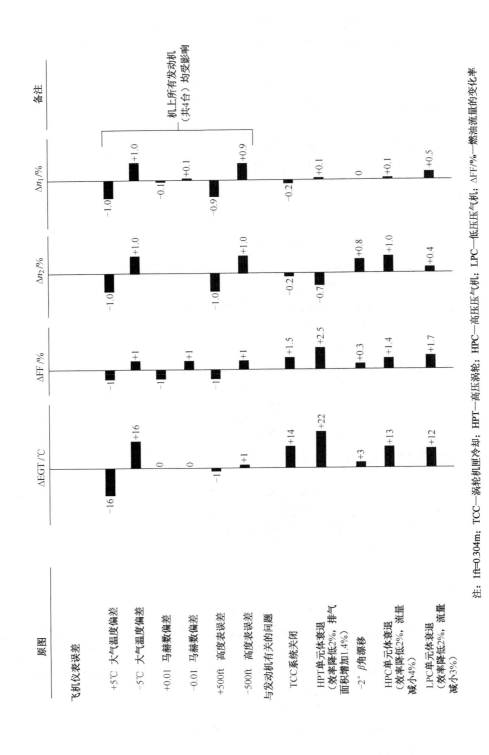

图 3-7　JT9D-7R4 发动机的指印图

注：1ft=0.304m；TCC—涡轮机匣冷却；HPT—高压涡轮；HPC—高压压气机；LPC—低压压气机；$\Delta FF/\%$—燃油流量的变化率

（6）保留趋势图报告并记录相关信息，以便查询。

状态参数的偏移量是通过对比待检发动机的状态参数和在通常工况下正常工作的发动机的状态参数来确定的。通常工况是指油门杆固定或发动机压比固定，前者在发动机，参数突然偏移时使用，后者在状态参数逐渐偏移或一个状态参数偏移后油门杆已被校正时使用。指印图中用到的状态参数主要有发动机压比（EPR）、低压转子转速（n_1）、高压转子转速（n_2）、排气温度（EGT）和燃油流量（FF）。状态参数的数值与发动机的压比水平有关，其中 1.3 为低压比水平，1.4 为中压比水平，1.5 为高压比水平。选择固定压比工况时，也可以将压比固定在任意压比水平。

因为状态参数的数值与发动机的压比水平有关，所以发动机的指印图一般是在固定压比条件下给出的。当排气温度（EGT）、低压转子转速（n_1）、高压转子转速（n_2）或油门杆位置限制发动机操作时，发动机的压比与指印图要求的固定值可能不同，这就需要对状态参数数据进行标准化处理，使之与在固定压比条件下正常操纵的发动机的参数相当。

标准化过程主要包含以下两步：

（1）提取状态参数数据，可以是发动机在故障发生之前正常运行时提取的数据，也可以是从飞机的另一台发动机上提取的数据；

（2）对状态参数数据进行标准化处理。

标准化公式见（3-15）：

$$标准化参数 = 实际参数 + \frac{\Delta EPR}{0.01} \times 标准化因子 \qquad (3-15)$$

式中的标准化因子见表 3-2。

表 3-2　标准化因子

参　数	标准化因子	
	起飞	爬升/巡航
	地面操作 Ma=0.0~0.2	高度 25000~35000ft （7620~10668m） Ma 在 0.8 以上
n_1/%	0.60	0.35
n_2/%	0.19	0.13
EGT/℃	3.0	2.7
FF/（lb/h）[或 FF/（kg/h）]	300（136.08）	74（33.57）

3.4.3　故障诊断实例

下面以 JT9D 发动机的指印图（见图 3-8）为例说明运用指印图进行故障诊断的过程。

【例 3.1】　工况：飞行高度 35000ft（10668m），1 号发动机油门杆推至巡航状态，Ma 为 0.824。发动机参数如下：

	发动机 1	发动机 2
EPR	1.485	1.480
n_1/%	92.19	92.09
n_2/%	86.3	84.4

EGT/℃	554	509
FF/（lb/h）	6990	6670

计算： 由于 ECMⅡ 趋势报告显示 1 号发动机的参数变化，因此以 2 号发动机为准。

$$\Delta EPR = 1.485 - 1.480 = 0.005$$

因为 0.005<0.01，所以不需要进行标准化处理。

$$\Delta n_1/\% = 92.19\% - 92.09\% = 0.1\%$$

$$\Delta n_2/\% = 86.3\% - 84.4\% = 1.9\%$$

$$\Delta EGT = (554 - 509)℃ = 45℃$$

$$\Delta FF/\% = \frac{6990 - 6670}{6670} \times 100\% = 4.8\%$$

故障诊断如下：

因为 EPR 为 1.480，所以查图 3-8 中的 EPR=1.50 部分可以发现，与 3.0 放气门全开时的参数变化相同，因此断定故障可能是 3.0 放气门全开。最后经孔探仪检测技术加以确定，便可以完成故障诊断工作。

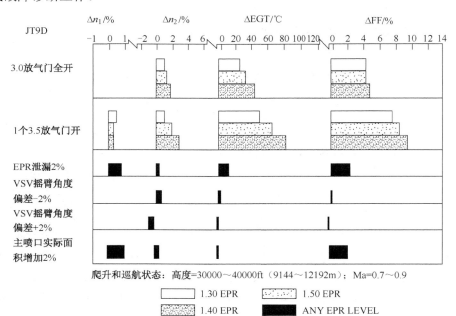

图 3-8 【例 3.1】的指印图

【例 3.2】 工况：EGT 在起飞状态受限，Ma 为 0.152。发动机参数如下。

	发动机 1	发动机 2
EPR	1.511	1.530
$n_1/\%$	*	*
$n_2/\%$	*	*
EGT/℃	650	600
FF/(lb/h)	*	*

计算： ECMⅡ 趋势报告显示，1 号发动机趋势发生变化。

$$\Delta EPR = 1.511 - 1.530 = -0.019$$

因为|-0.019|>0.01，所以需要进行标准化处理。

在起飞状态，Ma=0～0.2 时，EGT 的标准化因子为3.0，标准化后的参数为

$$EGT = \left[650 - \left(-\frac{0.019}{0.01} \right) \times 3.0 \right]℃ = 655.7℃$$

$$\Delta EGT = (655.7 - 600)℃ = 55.7℃$$

故障诊断如下：

【例 3.2】的指印图如图 3-9 所示，选择起飞状态的 EPR 部分，由 ΔEGT =55.7℃可以判断，故障可能是 3.0 放气门全开和 1 个 3.5 放气门开。再利用其他技术手段加以确认即可。

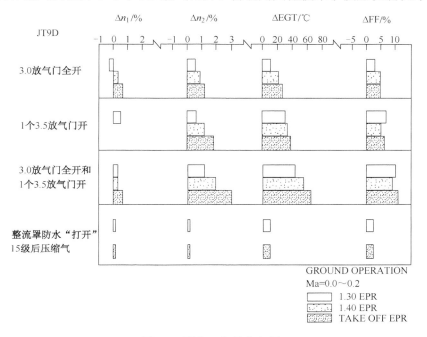

图 3-9 【例 3.2】的指印图

以上两例是通过对比同一架飞机上的两台发动机来判断参数变化趋势的例子。除此之外，还可以根据同一台发动机在不同时间的参数来判断参数变化趋势。下面举例说明。

【例 3.3】 工况：飞行高度 34000 ft，Ma 为 0.797，发动机油门杆固定。发动机参数如下。

时间	4 月 22 日	4 月 22 日
EPR	1.47	1.38
n_1/%	94.2	88.2
n_2/%	90.0	88.0
EGT/℃	419	407
FF/（lb/h）	5125	4100

计算：

$$\Delta EPR = 1.38 - 1.47 = -0.09$$

因为|-0.09|>0.01，所以需要进行标准化处理。

在高度为 34000 ft，Ma 为 0.797 时，n_1/%、n_2/%、EGT、FF 的标准化因子分别为 0.35%、

0.13%、2.7、74，标准化后的参数为

$$n_1/\% = 88.2\% - \left(-\frac{0.09}{0.01}\right) \times 0.35\% = 91.4\%$$

$$\Delta n_1/\% = 91.4\% - 94.2\% = -2.8\%$$

$$n_2/\% = 88.0\% - \left(-\frac{0.09}{0.01}\right) \times 0.13\% = 89.2\%$$

$$\Delta n_2/\% = 89.2\% - 90.0\% = -0.8\%$$

$$EGT = \left[407 - \left(-\frac{0.09}{0.01}\right) \times 2.7\right]℃ = 431.3℃$$

$$\Delta EGT = (431.3 - 419)℃ = 12.3℃$$

$$FF = \left[4100 - \left(-\frac{0.09}{0.01}\right) \times 74\right] lb/h = 4766 lb/h$$

$$\Delta FF/\% = \frac{4766 - 5125}{5125} \times 100\% = -7\%$$

故障诊断如下：

【例 3.3】的指印图如图 3-10 所示，取 EPR=1.40 部分，根据 $\Delta EPR = -0.09$，$\Delta n_1/\% = -2.8\%$，$\Delta n_2/\% = -0.8\%$，$\Delta EGT = 12.3℃$，$\Delta FF = -7\%$，可以判断故障为 1 个 3.5 放气门开。再利用其他技术手段加以确认即可。

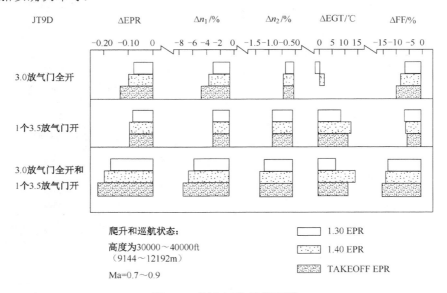

图 3-10 【例 3.3】的指印图

【例 3.4】 工况：起飞状态，EPR=1.433，Ma 为 0.13，发动机油门杆固定。发动机参数如下。

时间	5 月 9 日	5 月 9 日
EPR	1.51	1.43
$n_1/\%$	105.3	94.2
$n_2/\%$	98.6	96.2

| EGT/℃ | 522 | 510 |
| FF/（lb/h） | 21500 | 16520 |

计算：

$$\Delta EPR = 1.43 - 1.51 = -0.08$$

因为|−0.08|>0.01，所以需要进行标准化处理。

在地面运行时，Ma 为 0.13，$n_1/\%$、$n_2/\%$、EGT、FF 的标准化因子分别为 0.6%、0.19%、3.0、300，标准化后的参数分别为

$$n_1/\% = 94.2\% - \left(-\frac{0.08}{0.01}\right) \times 0.6\% = 99.0\%$$

$$\Delta n_1/\% = 99.0\% - 105.3\% = -6.3\%$$

$$n_2/\% = 96.2\% - \left(-\frac{0.08}{0.01}\right) \times 0.19\% = 97.7\%$$

$$\Delta n_2/\% = 97.7\% - 98.6\% = -0.9\%$$

$$EGT = \left[510 - \left(-\frac{0.08}{0.01}\right) \times 3.0\right]℃ = 534.0℃$$

$$\Delta EGT = (534 - 522)℃ = 12℃$$

$$FF = \left[16520 - \left(-\frac{0.08}{0.01}\right) \times 300\right]lb/h = 18920lb/h$$

$$\Delta FF = (18920 - 21500)lb/h = -2580lb/h$$

$$\Delta FF/\% = \frac{18920 - 21500}{21500} \times 100\% = -12\%$$

故障诊断如下：

【例 3.4】的指印图如图 3-11 所示，取 EPR=1.40 部分，根据 ΔEPR= −0.08，$\Delta n_1/\%$ =−6.3%，$\Delta n_2/\%$ =−0.9%，ΔEGT =12℃，ΔFF/% =−12%，可以判断故障是 3.0 放气门全开和 1 个 3.5 放气门开。再利用其他技术手段加以确认即可。

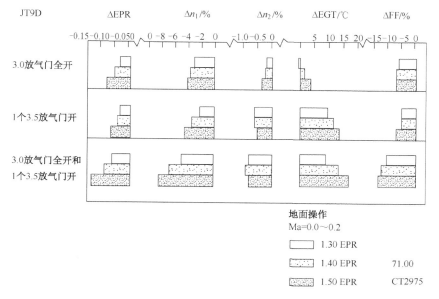

图 3-11　【例 3.4】的指印图

【例 3.5】 工况：起飞状态，Ma 为 0.156，发动机油门杆固定。发动机参数如下。

时间	6月1日	6月2日
EPR	1.43	1.435
$n_1/\%$	94.1	94.3
$n_2/\%$	96	97
EGT/℃	517	540
FF/（lb/h）	17165	17 680

计算：

$$\Delta EPR = 1.435 - 1.43 = 0.005$$

因为 0.005 <0.01，所以不需要标准化。

$$\Delta n_1/\% = 94.3\% - 94.1\% = 0.2\%$$

$$\Delta n_2/\% = 97\% - 96\% = 1.0\%$$

$$\Delta EGT = (540 - 517)℃ = 23℃$$

$$\Delta FF/\% = \frac{17680 - 17165}{17165} \times 100\% = 3\%$$

故障诊断如下：

【例 3.5】的指印图如图 3-12 所示，起飞状态时，根据 $\Delta n_1/\% =0.2\%$，$\Delta n_2/\% =1.0\%$，$\Delta EGT =23℃$，$\Delta FF/\% =3\%$，判断故障为高压压气机效率下降 2%。

从以上讨论可见，运用指印图分析方法是非常方便的。

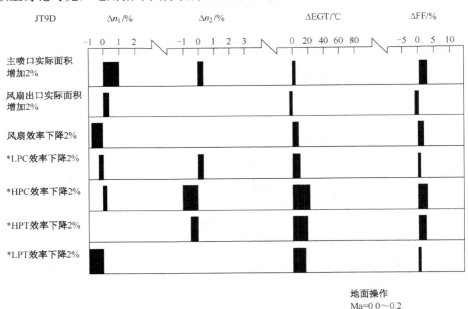

图 3-12 【例 3.5】的指印图

思考题

1. 航空发动机状态监控系统是由哪些部分组成的？主要有哪些监控参数？
2. 发动机状态参数采集的基本要求是什么？
3. 简述状态和状态量的含义。
4. 简述趋势图分析方法的基本思路和主要功能。
5. 造成监控参数偏差的主要因素有哪些？
6. 什么是指印图？如何利用指印图进行发动机的故障诊断？
7. 利用指印图进行发动机的故障诊断需要具备哪些基本条件？

第4章 航空发动机振动监控与故障诊断

工程实践中存在大量的振动问题，如运动零件间的间隙、摩擦或转子部件中不平衡力、气流脉动等造成的振动，并且随着零件的磨损，零件表面的损伤会使振动进一步加剧。大量的实践表明，振动与设备的运行状态有着密切的联系。振动监控技术能够为设备的故障诊断提供帮助。目前，振动监控技术也是应用较普遍、发展较成熟的一种故障诊断技术。

在航空发动机故障诊断技术领域，发动机振动诊断方法是最常规和易用的一种方法。这种方法的使用时间已经很长，在理论上比较成熟，也比较简便易行，因此得到了广泛应用。振动诊断方法不仅是故障诊断的重要方法，也是发动机状态监控的主要技术手段。

法国空军从 1975 年开始就分别对 ATAR 09C 和 ATAR 09CK50 发动机进行了振动监控与故障诊断，仅 1978 年就进行了 276 次振动分析并采取了维修措施，通过振动信息正确识别的故障（缺陷）零部件占 84%。英国航空公司通过研究所统计的上百种由机载振动监控系统提供的监控信息，排除了发动机的早期失效，其失效模式包括压气机或涡轮叶片掉块、叶尖碰磨、轴承失效、联轴器不同心、油进入压气机鼓筒内、压气机组件螺栓松动等。1987 年，英国罗尔斯·罗伊斯公司的 RB211 发动机风扇轴处的轴承失效，并且失效速度增长迅速，一段时间后发动机振动监控系统进行报警，防止了灾难性的事故。

通常认为，振动信息所包含的结构系统的机械状态信息最丰富（包含幅值、频率、相位等多种信息），能全面反映结构系统的机械状态。同时，对于高速旋转的机械来说，振动现象往往是最常见的问题之一。

4.1 发动机振动监控系统概述

航空发动机所使用的振动监控方法，一种是基于振动信号的直接监控，即直接判断振动信号是否超过限制值；一种是基于信号分析的振动监控，一方面能够比较准确地判断振动值是否异常；另一方面能够识别和解释发动机的振动信号，特别是诊断振动信号过大的原因，以探测可能出现的机械故障。

发动机的非正常振动（突发或有明显趋势）一般是发动机的故障征兆。发动机的非正常振动可能是压气机或涡轮叶片损坏、转子不平衡或轴承损坏、安装在发动机附件中的旋转件失效或其他故障引起的。发动机故障的早期告警可使发动机避免严重的二次损伤。所以，无论是在民用飞机还是在军用飞机上，都装有发动机振动监控（Airborne Vibration Monitoring，AVM）系统。

一些民用航空发动机所使用的发动机振动监控系统如表 4-1 所示。

表 4-1　一些民用航空发动机所使用的发动机振动监控系统

发动机型号/飞机型号	加速度计的位置/数目	信　号　处　理
CF6-50/DC10，A300，B747	风扇轴承、涡轮/2	宽带
CF6-80/A310，B747，B767	风扇轴承、涡轮/2	跟踪滤波，风扇修正平衡 FFT 分析
CFM56-3/B737， CFM56-5/A320，A340	风扇轴承、涡轮/2	跟踪滤波，风扇修正平衡 FFT 分析
JT8D/B747，B767	（速度传感器）风扇机匣、涡轮/2	宽带，跟踪滤波
JT9D-7J/B747	风扇机匣（风扇轴承）/1（2）	宽带，跟踪滤波
JT9D-7R4E/B767，A310	风扇机匣（风扇轴承）/1（2）	宽带，跟踪滤波
PW4000/B767，B747，A310	风扇机匣（风扇轴承）/1（2）	宽带，跟踪滤波
RB211-524/B747	压气机机匣（两个背对背）/2	宽带，跟踪滤波
RB211-525/B757	压气机中介机匣（双元素加速度计）/1	宽带，跟踪滤波
V2500/A320	压气机中介机匣（双元素加速度计）/1	跟踪滤波，风扇修正平衡 FFT 分析
D-30KY/IL-62M，TY-154M	压气机、涡轮/2	跟踪滤波

　　发动机振动监控系统包括用于监控和分析发动机振动信号的全部硬件系统和软件系统。有的自成一个独立的系统，有的作为发动机状态监控系统的一部分。

4.1.1　振动监控系统的组成

　　典型的机载发动机振动监控系统由加速度传感器、信号调节器、信号显示终端和记录仪、屏蔽可靠的传输通道等组成。其中，信号调节器是系统的核心，其作用是对振动信号进行放大、滤波、积分和 A/D 转换等处理。典型的发动机振动监控系统框图如图 4-1 所示。

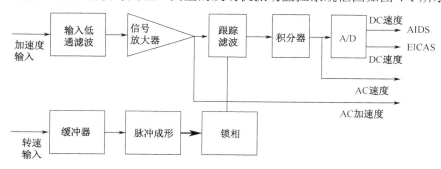

图 4-1　典型的发动机振动监控系统框图

　　振动加速度传感器在被测点采集到的加速度信号，先经电荷放大器放大成模拟电压信号（AC 速度），再经滤波器、积分器转换成数字电压信号（DC 速度），最后传输到驾驶舱的发动机指示和机组报警系统（Engine Indicating Crew Alarm System，EICAS）由振动指示仪表显示；该信号同时传送到飞机综合数据系统（Aircraft Integrated Data System，AIDS），一路经多通道转换后由快速存取记录仪（Quick Access Recorder，QAR）记录，另一路直接传送到模拟量记录仪。振动指示仪表具有预报警和超限报警功能，QAR 记录的数据可用于在地面站进行趋势分析和趋势预报，记录的模拟量信号可用于频谱分析。

4.1.2　振动监控系统的监控和诊断功能

完善的振动监控系统通常具有告警、趋势分析、响应特性分析、频谱分析和本机平衡功能。

1．告警功能

告警功能给机组提供事件或发动机振动监控系统状况恶化的告警。最主要的告警功能是振动超限告警。

2．趋势分析功能

趋势分析功能用于观察振动数据的变化趋势及趋势的变化速率，从而发现潜在的故障。

3．响应特性分析功能

响应特性分析功能用于测量和记录每台发动机上各个振动传感器在整个飞行过程中（加速、减速及稳态过程）的振动响应曲线，通过与转子系统动力响应特性曲线或典型故障响应曲线的对比进行故障诊断。

4．频谱分析功能

频谱分析功能后面将专门讨论。

5．本机平衡功能

现代民用发动机振动监控系统可以提供振动的振幅和相位信号，因此必要时可以在试车台或停机坪对发动机的低压转子（风扇）进行原位平衡，这也是提高发动机性能、改善维修特性的重要措施之一。

4.1.3　振动监控限制值的确定

进行振动监控时，需要确定振动监控的告警值、危险值等参数。这些参数的确定，对于分析、判断当前发动机振动值所处的水平和发动机的工作状况具有重要的意义。

一般从所测量到的、具有代表性的振动数据出发，制定振动监控标准。其步骤如下。

（1）在发动机工作并处于某个稳定状态（如慢车状态）时，对其进行 N（$N \geqslant 2$）次振动值测量。

（2）分别计算平均值和标准差：

$$\mu_0 = (x_1 + x_2 + \cdots + x_N)/N \tag{4-1}$$

$$\sigma_0 = \sqrt{\sum_{i=1}^{N}(x_i - \mu_0)^2/(N-1)} \tag{4-2}$$

（3）计算判定标准：

$$x_e = \mu_0 + 3\sigma_0 \tag{4-3}$$

式（4-3）的计算结果即振动值的告警值，从该值可推出危险值。危险值依据信号所处的频带范围不同而有差异。

在低频范围（1kHz 以下）的危险值为

$$x_d = 3\mu_0 + 9\sigma_0 \tag{4-4}$$

在高频范围（10kHz 以上）的危险值为

$$x_d = 6\mu_0 + 18\sigma_0 \tag{4-5}$$

4.2　振动信号的分析方法

要进行有效、适用的发动机振动分析，必须解决两方面问题：一方面，应该能够比较准确地判断振动值是否异常；另一方面，应该能够识别和解释发动机的振动信号，特别是判断振动过大的原因，以探测可能出现的机械故障。这些故障有时不一定会引起大的振动，但却可能导致机械的二次损伤，如引起齿轮、轴承故障，轴的裂纹、碰磨故障，以及挤压油膜阻尼器的非线性振动等。

发动机的振动信号是在规定的测振点测量的振动参数（位移、速度或加速度）的时间历程，由于影响振动因素的多样性和随机性，这个时间历程无法用确定的时间函数来描述，即发动机的振动信号是一个比较典型的随机信号，因此，研究方法通常是概率和统计的方法。研究随机过程是通过研究该过程的样本和样本集来实现的。样本是某次测得的振动信号，而样本的集合就是样本集。如果振动信号的样本中各种统计平均特征与具体的统计平均时间无关，那么称为平稳随机过程，如发动机处于某一稳定的工作状态时测得的振动信号；如果一个随机过程是平稳的，并且单独用其任一样本按时域得到的统计平均值等于样本总体的集合统计平均值，那么称为各态历经的随机过程。

发动机振动信号的分析方法包括幅域分析、时域分析、频域分析和相域分析。幅域分析是指对信号在幅值上进行各种处理；时域分析是指对信号在时间域内进行分析或变换；频域分析是确定信号的频率结构，即确定振动信号中包括哪些频率成分，以及各频率成分幅值的大小；相域分析是进行相位值测量及对相位随时间的变化进行分析。

4.2.1　振动信号的概念与分类

振动是物体机械运动的一种特殊形式。振动常用运动的时间历程函数来描述，如位移、速度或加速度的时间函数。按照振动过程的数学特征，可以对振动信号进行分类，如图 4-2 所示是振动信号的分类。

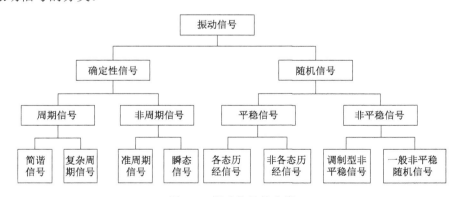

图 4-2　振动信号的分类

1.确定性信号

确定性信号是由确定性振动过程产生的。所谓确定性过程即该系统的振动状态可以用确切的时间函数来表述。

周期信号是一种周期性重复变化的信号，包括简谐信号和复杂周期信号。表述简谐信号的基本物理量是频率、振幅和初相位；复杂周期信号由若干个简谐信号合成（各信号频率之间有公倍数），可借助傅里叶级数展开成一系列简谐分量之和，其中任意两个分量的频率之比都是有理数。

非周期信号包括准周期信号和瞬态信号。准周期信号也是由一些离散频率的简谐信号合成的，但它不具有周期性，组成它的简谐分量中总有两个信号的频率之比为无理数。瞬态信号的时间函数为各种脉冲函数或衰减函数，如有阻尼自由振动的时间历程函数就是瞬态信号。对于瞬态信号可借助傅里叶变换得到确定的连续频谱函数。

常见的确定性信号如图 4-3 所示。

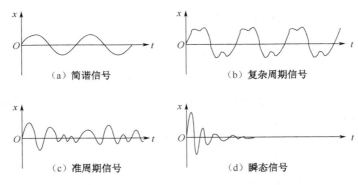

（a）简谐信号　　　　　　　　　（b）复杂周期信号

（c）准周期信号　　　　　　　　　（d）瞬态信号

图 4-3　常见的确定性信号

1）简谐周期振动

简谐周期振动的时间历程可以用正弦（或余弦）函数表示为

$$x(t) = A\sin(2\pi f_0 + \varphi) = A\sin\left(\frac{2\pi t}{T} + \varphi\right) \tag{4-6}$$

式中　　$x(t)$——振动量（位移、速度、加速度）；

A——振动量的幅值；

f_0——振动的频率；

φ——初相位；

T——振动的周期。

简谐周期振动的时间历程曲线和频谱图如图 4-4 所示，可以看出简谐周期振动的频谱图是一条单一的直线。这说明，简谐周期振动的全部能量集中在单一频率 f_0 上。在实践中，有很多物理现象都会产生近似于简谐周期振动的运动，如交流发电机的电压输出、不平衡旋转重物的振动等。

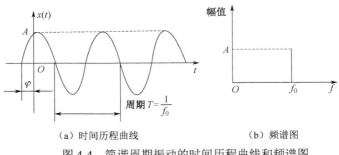

（a）时间历程曲线　　　　　　　　（b）频谱图

图 4-4　简谐周期振动的时间历程曲线和频谱图

2）非简谐周期振动

非简谐周期振动是指除简谐周期振动之外的周期振动，其时间历程可以用以下周期函数加以描述，即

$$x(t) = x(t \pm nT), \quad n = 1, 2, 3, \cdots \tag{4-7}$$

其时间历程曲线和频谱图如图 4-5 所示。

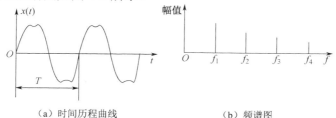

（a）时间历程曲线   （b）频谱图

图 4-5 非简谐周期振动的时间历程曲线和频谱图

非简谐周期振动可按傅里叶级数展开而分解为简谐周期振动的叠加，这个分解过程也称谐波分析，即

$$x(t) = \frac{a_0}{2} + \sum_{n=1}^{\infty} (a_n \cos 2\pi n f_1 t + b_n \sin 2\pi n f_1 t), \quad n = 1, 2, 3, \cdots \tag{4-8}$$

式中　$f_1 = \dfrac{1}{T}$，称为基频；

$a_0 = \dfrac{2}{T} \displaystyle\int_0^T x(t)\mathrm{d}t$ ；

$a_n = \dfrac{2}{T} \displaystyle\int_0^T x(t)\cos 2\pi n f_1 t \mathrm{d}t$ ；

$b_n = \dfrac{2}{T} \displaystyle\int_0^T x(t)\sin 2\pi n f_1 t \mathrm{d}t$ 。

式（4-8）还可以表示为

$$x(t) = x_0 + \sum_{n=1}^{\infty} x_n \cos(2\pi f_1 t + \varphi_n) \tag{4-9}$$

式中　$x_0 = \dfrac{a_0}{2}$ ；

$x_n = \sqrt{a_n^2 + b_n^2}$ ；

$\varphi_n = \arctan^{-1}(\dfrac{b_n}{a_n})$ 。

3）准周期振动

准周期振动是一种非周期振动，可以用如下的函数加以描述：

$$x(t) = \sum_{i=1}^{\infty} A\sin(2\pi f_i t + \varphi_i) \tag{4-10}$$

式中，至少存在一个 f_i 不为有理数。准周期振动的时间历程曲线和频谱图如图 4-6 所示。

准周期振动的频谱仍为线谱，只是各线谱不等距分布而已。在工程实践中，两个或多个无关联的周期振动混合作用时会产生准周期振动。

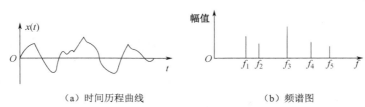

（a）时间历程曲线　　　　　　（b）频谱图

图 4-6　准周期振动的时间历程曲线和频谱图

4）瞬态振动

瞬态振动属于非周期振动，是一种只在某一确定时间段内才发生的振动，可用各种脉冲函数和衰减函数加以描述。如式（4-11）为瞬态振动的描述函数。

$$x(t)=\begin{cases} Ae^{-at}\sin(bt+\varphi), & t\geqslant 0 \\ 0, & t<0 \end{cases} \tag{4-11}$$

如图 4-7 所示为瞬态振动的时间历程曲线和频谱图。瞬态振动区别于周期振动和准周期振动的一个重要特征在于，其频谱不再是离散线谱，而为连续谱。

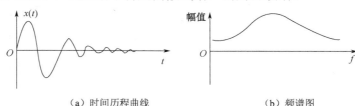

（a）时间历程曲线　　　　　　（b）频谱图

图 4-7　瞬态振动的时间历程曲线和频谱图

2．随机信号

如果系统的状态不能用确切的时间函数来表述，并且无法确定状态变量在某瞬时的确切数值，以及其物理过程具有不可重复性和不可预知性，那么称这样的振动过程是随机振动，所得到的描述其运动过程的信号即随机信号。随机信号的特征是信号波形复杂、变化无规律，并且没有明显的频率和周期特征。随机信号虽然具有不确定性，但却具有一定的统计规律性，可以借助概率论和随机过程理论来描述。

如图 4-8 所示为随机信号样本。

图 4-8　随机信号样本

在工程实践中，通常是在相同的条件下，对某台设备（或同一型号的设备）进行大量的重复试验，并对试验所得的数据进行统计分析来研究其规律性的。通过观测该设备的振动过程，可以得到一系列时间历程函数 $x_i(t)$，$i=1,2,\cdots$。这些函数的集合

$$X(t)=\left\{x_1(t),x_2(t),\cdots,x_N(t),\cdots\right\}$$

就表达了该随机振动过程。

观测过程称为随机试验，观测所得到的时间函数称为样本函数，简称样本。一般情况下，

所谓随机试验要求在相同条件下，对同一台（或同一型号）设备进行大量重复的试验。从理论上讲，时间函数的数量应该是许多乃至无穷，并且时间区间为无限长。而要满足这样的条件实际上是不可能的，实践中只能进行有限次、有限时间的随机试验，因此只能获得有限数目和有限长度的样本记录，即

$$X(t) = \{x_1(t), x_2(t), \cdots, x_N(t)\}$$

随机振动的样本函数如图 4-9 所示。

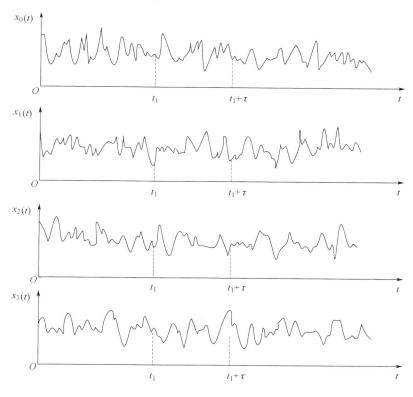

图 4-9　随机振动的样本函数

3．随机振动产生的原因

产生振动的原因有内因和外因。内因是系统包含的各个元件受到外界激励后发生振动；外因是系统以外的物体对系统的激励作用，它们可以是初相位、初速度、冲击、周期性干扰力或随机干扰力。如果结构和干扰中有一个是随机的，系统的振动就是随机振动。如果二者是随机的，振动自然也是随机的，并且是更复杂的随机振动。常见的随机振动的产生原因有以下几种。

1）机件接触表面的磨损

例如，齿轮加工不可能完全精确，齿轮表面不可避免地具有凹凸不平的磨损，各齿轮的轮廓面形状及齿厚、间隙等都不可能很理想，致使齿轮在接触时的作用是随机的，因此产生随机振动。又如，滚动轴承在制造中也不可能达到理想状态，滚珠或滚子不可能完全是圆的，大小也不可能完全一样，槽道的形状、大小也不可能完全相同，这些随机因素使滚动轴承在工作时也会产生随机振动。总之，机械方面的随机振动多数是由上述随机干扰引起的。

2）流体对机件表面的作用

飞机在空中飞行，空气、燃气在发动机内流动，各种油料流过导管等，这些均涉及流体与所接触机件表面的相互作用，并有相对运动。当平均相对速度与流体黏度之比较大时，机件表面的流体处于紊流状态，此时流体中各处的局部速度和压强都存在紊乱的随机变化，因此机件表面会受到随机干扰。

3）燃烧放热不均匀引起压力变化

发动机燃烧室内燃料与空气混合不均匀，燃烧时各处放出的热量不一致，导致燃烧室内各局部压力不同，并随空间和时间做随机变化，因此产生了噪声和机件的随机振动。

4.2.2 振动信号的时域分析方法

振动信号的分析可以在时域、时延域和频域进行，不同域的统计特征从不同方面描述了振动信号的随机过程。本节主要介绍振动信号在时域内的统计特征，以及这些统计特征在随机振动过程中的物理意义。

1. 统计特征参量分析

1）概率密度函数 $p(x)$

概率密度函数 $p(x)$（见图 4-10）定义为信号幅值为 x 的概率，其数学表达式为

$$
\begin{aligned}
p(x) &= \lim_{\Delta x \to 0} \frac{p[x < x(t) \leqslant x + \Delta x]}{\Delta x} \\
&= \lim_{\Delta x \to 0} \frac{1}{\Delta x} \left(\lim_{T \to \infty} \frac{T_x}{T} \right) \\
&= \lim_{\Delta x \to 0} \frac{1}{\Delta x} \left(\lim_{T \to \infty} \frac{\sum_{i=1}^{k} \Delta t_i}{T} \right)
\end{aligned}
\tag{4-12}
$$

式中　T——样本长度；

　　　T_x——信号幅值落在 x 和 $x + \Delta x$ 之间的时间和。

对于正态过程，其概率密度函数为

$$
p(x) = \frac{1}{\sigma_x \sqrt{2\pi}} e^{-\frac{(x-\mu_x)^2}{2\sigma_x^2}}
\tag{4-13}
$$

式中　μ_x——数学期望；

　　　σ_x——标准差。

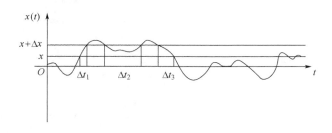
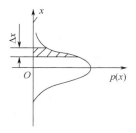

图 4-10　概率密度函数

概率密度函数可直接用于故障诊断。如图 4-11 所示是新、旧两个齿轮箱的振动信号的概率密度函数，其直观地说明了新、旧两个齿轮箱的振动信号之间有明显的差异。

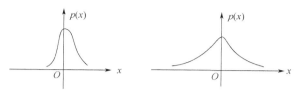

（a）新齿轮箱　　　　　　　（b）旧齿轮箱

图 4-11　新、旧两个齿轮箱的振动信号的概率密度函数

2）概率分布函数 $F(x)$

概率分布函数是信号幅值小于或等于某一值 x 的概率，其数学表达式为

$$F(x) = p[x(t) \leqslant x] = \int_{-\infty}^{x} p(x)\mathrm{d}x \tag{4-14}$$

3）均值

均值（见图 4-12）即数学期望，其数学表达式为

$$\mu_x = E\big[x(t)\big] = \int_{-\infty}^{+\infty} xp(x)\mathrm{d}x \tag{4-15a}$$

式中，$p(x)$ 为概率密度函数，表示连续型随机变量 X 的幅值 x 的分布密度。

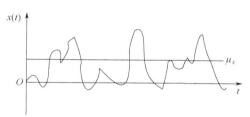

图 4-12　均值

对于各态历经过程，其表达式为

$$\mu_x = E\big[x(t)\big] = \lim_{T \to \infty}\frac{1}{T}\int_{0}^{T} x(t)\mathrm{d}t \tag{4-15b}$$

其离散化公式为

$$\hat{\mu}_x = E\big[x(t)\big] = \frac{1}{N}\sum_{i=1}^{N} x(t_i) \tag{4-15c}$$

均值的物理意义：代表随机振动过程的摆动中心，是静态分量。

4）均方值

均方值又称二阶原点矩，其数学表达式为

$$\psi_x^2 = E\big[x^2(t)\big] = \int_{-\infty}^{+\infty} x^2 p(x)\mathrm{d}x \tag{4-16a}$$

对于各态历经过程，此值为一个样本函数在各时刻幅值平方和的平均值，即

$$\psi_x^2 = E\big[x^2(t)\big] = \lim_{T \to \infty}\frac{1}{T}\int_{0}^{T} x^2(t)\mathrm{d}t \tag{4-16b}$$

其离散化公式为

$$\hat{\psi}_x^2 = E\left[x^2(t)\right] = \frac{1}{N}\sum_{i=1}^{N} x^2(t_i) \tag{4-16c}$$

均方值反映了随机振动过程的能量特征，是随机振动过程总功率的统计平均值，反映了振动的大小。

5）有效值

有效值即均方根值，这是一个应用广泛的统计参量，可以反映振动的大小。发动机的振动限制值常用振动速度的有效值，其数学表达式为

$$X_{\text{rms}} = \sqrt{\lim_{T\to\infty} \frac{1}{T}\int_0^T x^2(t)\mathrm{d}t} = \sqrt{\int_{-\infty}^{+\infty} x^2 p(x)\mathrm{d}x} \tag{4-17a}$$

其离散化公式为

$$\hat{X}_{\text{rms}} = \sqrt{\frac{1}{N}\sum_{i=1}^{N} x^2(t_i)} \tag{4-17b}$$

6）均方差值和标准差

均方差值又称二阶中心矩。其数学表达式为

$$\sigma_x^2 = E\left\{\left[x(t) - E_x(t)\right]^2\right\} = \int_{-\infty}^{+\infty}(x - \mu_x)^2 p(x)\mathrm{d}x \tag{4-18a}$$

对各态历经过程，其表达式为

$$\sigma_x^2 = \lim_{T\to\infty} \frac{1}{T}\int_0^T (x - \mu_x)^2 \mathrm{d}t \tag{4-18b}$$

其离散化公式为

$$\hat{\sigma}_x^2 = \frac{1}{N}\sum_{i=1}^{N}\left[x(t_i) - \hat{\mu}_x\right]^2 \tag{4-18c}$$

均方差值反映信号相对于其均值的波动情况，是随机振动过程的动态分量。

均方差值的开方称为标准差，其数学表达式为

$$S = \sqrt{\lim_{T\to\infty} \frac{1}{T}\int_0^T (x - \mu_x)^2 \mathrm{d}t} \tag{4-19a}$$

其离散化公式为

$$\hat{S} = \sqrt{\frac{1}{N}\sum_{i=1}^{N}\left[x(t_i) - \hat{\mu}_x\right]^2} \tag{4-19b}$$

标准差反映了随机振动过程幅值的平均离差。

均方差值和标准差越小，信号波动越小，信号越平稳。

均值、均方值及均方差值之间的关系为

$$\sigma_x^2 = \psi_x^2 - \mu_x^2 \tag{4-20}$$

7）偏态指标 K_3 和峭度指标 K_4

偏态指标 K_3 和峭度指标 K_4 常用来检验信号偏离正态分布的程度，两者对概率密度函数的影响如图 4-13 所示。它们的数学表达式分别如下。

偏态指标的数学表达式为

$$K_3 = \frac{\int_{-\infty}^{+\infty}(x - \mu_x)^3 p(x)\mathrm{d}x}{S^3} \tag{4-21a}$$

其离散化公式为

$$\hat{K}_3 = \sqrt{\frac{1}{6N}\sum_{i=1}^{N}\left(\frac{x(t_i)-\hat{\mu}_x}{\hat{S}}\right)^3} \tag{4-21b}$$

峭度指标的数学表达式为

$$K_4 = \frac{\int_{-\infty}^{+\infty}(x-\mu_x)^4 p(x)\mathrm{d}x}{S^4} \tag{4-22a}$$

其离散化公式为

$$\hat{K}_4 = \sqrt{\frac{N}{24}}\left[\sum_{i=1}^{N}\left(\frac{x(t_i)-\hat{\mu}_x}{\hat{S}}\right)^4 - 3\right] \tag{4-22b}$$

K_3 和 K_4 的绝对值越大，说明越偏离其正常状态。

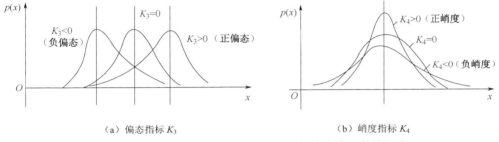

（a）偏态指标 K_3　　　　　　（b）峭度指标 K_4

图 4-13　偏态指标 K_3 和峭度指标 K_4 对概率密度函数的影响

2. 相关分析

相关分析是对两个随机变量之间相互关系的统计分析，通常用相关函数来描述。对于平稳随机过程，相关函数随着时间坐标的移动（简称时差或时延）变化。相关函数一般包括自相关函数和互相关函数。

1）自相关函数

自相关函数描述的是同一信号中不同时刻的相互依赖关系，其定义的图示如图 4-14 所示。

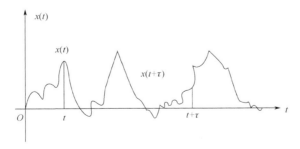

图 4-14　自相关函数定义的图示

自相关函数为同一随机过程在 t_1 和 t_2 时刻的两个实随机变量 $x(t_1)$ 与 $x(t_2)$ 乘积的集合平均，即

$$R_x(t_1,t_2) = E\left[x(t_1)x(t_2)\right] \tag{4-23a}$$

对于平稳随机过程，自相关函数只与两个时刻的差值 τ 有关，与 t_1 和 t_2 的具体值无关，故 $R_x(t_1,t_2)$ 可记作 $R_x(\tau)$，则有

$$R_x(\tau) = E\big[x_1(t)x_2(t+\tau)\big] = \int_{-\infty}^{\infty}\int_{-\infty}^{\infty} x_1 x_2 p(x_1, x_2)\mathrm{d}x_1\mathrm{d}x_2 \tag{4-23b}$$

式中，$p(x_1, x_2)$ 为 t 和 $t+\tau$ 时刻的随机变量 x_1 和 x_2 的联合概率密度函数。

对于各态历经过程，自相关函数等于单个样本函数上 $x(t)$ 和 $x(t+\tau)$ 的时间平均，即

$$R_x(\tau) = \lim_{T\to\infty}\frac{1}{T}\int_0^T x(t)x(t+\tau)\mathrm{d}t \tag{4-23c}$$

其离散化公式为

$$R_x(n\Delta t) = \frac{1}{N-n}\sum_{i=0}^{N-n} x(t_i)x(t_i+n\Delta t) \tag{4-23d}$$

式中　N——采样点数（样本长度）；

　　　n——时延数；

　　　i——时序号。

自相关函数的主要数学性质如下。

（1）若随机过程中的变量是实数，则 $R_x(\tau)$ 是实偶函数，即 $R_x(\tau) = R_x(-\tau)$。若随机过程中的变量是复数，则 $R_x(\tau)$ 一般是复数，且有 $R_x(\tau) = R_x^*(-\tau)$，这里的"*"表示共轭。

（2）当 $\tau = 0$ 时，自相关函数取得最大值，且等于均方值，即

$$R_x(0) = R_x(\tau)_{\max} = E\big[x^2\big] = \psi_x^2$$

（3）当 $\tau = \infty$ 时，自相关函数趋近于平均值的平方，即

$$\lim_{\tau\to\infty} R_x(\tau) = R_x(\pm\infty) = \mu_x^2$$

（4）自相关函数是有界的，即

$$-\sigma_x^2 + \mu_x^2 \leqslant R_x(\tau) \leqslant \sigma_x^2 + \mu_x^2$$

（5）如果随机信号 $x(t)$ 由噪声信号 $n(t)$ 和与之不相关的信号 $\lambda(t)$ 组成，那么

$$R_x(\tau) = R_\lambda(\tau) + R_n(\tau)$$

以上各式中，ψ_x^2 为均方值，σ_x^2 为标准方差，且

$$\sigma_x^2 = \lim_{T\to\infty}\frac{1}{T}\int_0^T \big[x(t)-\mu_x\big]^2\mathrm{d}t$$

（6）自相关函数不会改变信号的周期性。自相关函数的一般图形如图 4-15 所示。

图 4-15　自相关函数的一般图形

2）互相关函数

互相关函数描述的是两个不同信号不同时刻的相互依赖关系，其定义的图示如图 4-16

所示。

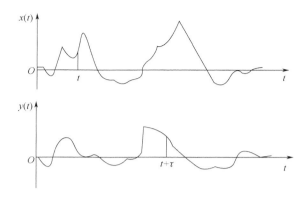

图 4-16　互相关函数定义的图示

若考虑时刻 $t_1 = t$ ，$t_2 = t + \tau$ ，则两个实随机过程 x 和 y 之间的互相关函数为

$$R_{xy}(t_1, t_2) = E\left[x(t) y(t+\tau) \right]$$

$$R_{yx}(t_1, t_2) = E\left[y(t) x(t+\tau) \right] \tag{4-24a}$$

与自相关函数类似，两个实平稳随机过程的互相关函数为

$$R_{xy}(\tau) = E\left[x(t) y(t+\tau) \right] = \int_{-\infty}^{\infty} \int_{-\infty}^{\infty} x_1 y_2 p(x_1, y_2)\, \mathrm{d}x_1 \mathrm{d}y_2$$

$$R_{yx}(\tau) = \int_{-\infty}^{\infty} \int_{-\infty}^{\infty} x_2 y_1 p(x_2, y_1)\, \mathrm{d}x_2 \mathrm{d}y_1 \tag{4-24b}$$

对于各态历经过程，互相关函数表示如下

$$R_{xy}(\tau) = \lim_{T \to \infty} \frac{1}{T} \int_0^T x(t) y(t+\tau)\, \mathrm{d}t \tag{4-24c}$$

互相关函数的主要数学性质如下。

（1）互相关函数不是 τ 的偶函数，即

$$R_{xy}(\tau) \neq R_{xy}(-\tau)$$

而是

$$R_{xy}(\tau) = R_{yx}(-\tau)$$

互相关函数的一般图形如图 4-17 所示。

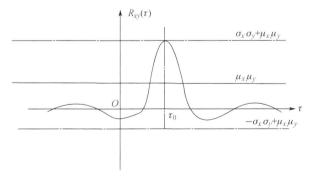

图 4-17　互相关函数的一般图形

（2）当互相关函数 $R_{xy}(\tau)=0$ 时，表示 $x(t)$ 与 $y(t)$ 不相关；而当 $R_{xy}(\tau)=\sigma_x\sigma_y+\mu_x\mu_y$ 时，表示 $x(t)$ 与 $y(t)$ 完全相关。

（3）互相关函数是有界的，即

$$\left(-\sigma_x\sigma_y+\mu_x\mu_y\right)\leqslant R_{xy}\left(\tau\right)\leqslant\left(\sigma_x\sigma_y+\mu_x\mu_y\right)$$

（4）当 $\tau=\infty$ 时，x 与 y 之间一般不存在相关性，所以

$$R_{xy}\left(\tau\rightarrow\infty\right)\rightarrow\mu_x\mu_y$$

$$R_{yx}\left(\tau\rightarrow\infty\right)\rightarrow\mu_y\mu_x$$

（5）互相关函数的最大值一般不在 $\tau=0$ 处。

3）相关函数的计算步骤

相关函数的计算步骤如下。

（1）对于各态历经过程，取一个相当长时间的样本函数（周期函数可取一个周期），分区写出函数关系式。

（2）若样本函数可以用数学关系式表达，则可以用时间平均法通过积分计算自相关函数或互相关函数，见式（4-23c）和式（4-24c）。

（3）若样本函数不能用数学关系式表达，则积分式只能用有限的求和式来代替。将样本函数用时间间隔 Δt 分割成一系列不连续的离散值，若采样时间为 T，则采样点数 $N=\dfrac{T}{\Delta t}+1$，因此自相关函数为

$$E\left[x(t)x(t+\tau)\right]=\frac{1}{N}\sum_{i=1}^{N}x_i(t)x_i(t+\tau)$$

式中，τ 应取为 Δt 的整数倍。互相关函数的求法与此类似。

目前，相关函数的计算通常都是由计算机或信号分析仪来完成的。

【例 4.1】 利用互相关函数确定两路信号之间的相位差。

在研究转子篦齿密封装置气弹效应的实验中，测试了两路信号，一路 $y(t)$ 是转子的挠度信号，另一路 $x(t)$ 是同一位置密封腔内的动态压力信号，如图 4-18 所示。本题需要确定在不同实验条件下两路信号的相位关系，因为此相位关系决定篦齿密封装置气弹力的性质。由于两路信号都是随机信号，波形比较复杂，无法精确测量相位角，因此这里利用相关分析中的互相关函数解决此问题。

图 4-18 中的第三条曲线 R_{xy} 为 $x(t)$ 与 $y(t)$ 的互相关函数。转子的振动信号与转子的转速有关，具有明显的周期性，而密封腔内的动态压力也随转子的挠度（径向位移）变化，也具有和转速同频的周期性。根据相关函数的性质，互相关函数 R_{xy} 也是周期性函数，其频率应是转速频率的 2 倍。

已知实验装置的工作转速为 3000 r/min，实测得到互相关函数最大值位置的滞后时间 τ 为 2.7 ms，可以算出 $x(t)$ 与 $y(t)$ 的相位差为 305°。

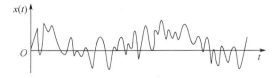

（a）密封腔内的动态压力信号

图 4-18 利用互相关函数测量相位差

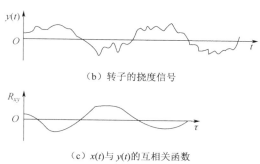

（b）转子的挠度信号

（c）$x(t)$ 与 $y(t)$ 的互相关函数

图 4-18　利用互相关函数测量相位差（续）

4.2.3　振动信号的频谱分析方法

从发动机上直接测得的信号是振动幅值对时间的函数，称为振动的时间历程，它是振动过程在时间域的描述。对于简单的振动，这种描述方法同时给出了振动的频率。但是，发动机的振动是复杂的随机振动，对于这样的振动，时间域的描述往往不能全面、深刻地反映振动的特点。如不易看出振动信号中含有哪些频率成分。哪种频率成分占优势。各种频率的能量分别是多少等，因此就需要描述振动过程频率特征的函数。把振动的时间历程通过傅里叶变换转换成在频率域描述的函数，或者说把复杂的振动波形分解为不同频率的振动分量，这一过程称为频率分析。经过频率分析可以得到频域函数，其中最常用的是功率谱密度函数，简称谱密度。

在物理学中，谱的概念总是和频率联系在一起的。光谱分析可以把太阳光分解为七色彩虹，声谱分析可以在同一音阶上将小提琴和钢琴的声音区分开来，而功率谱则给出了振动能量在频域上的分布。通过对功率谱的研究，可以得到更多的振动信息，发现更隐蔽的振源，为故障诊断提供更充分、更科学的依据。下面介绍与频率分析相关的基础知识。

1. 傅里叶级数与傅里叶积分

如果 $x(t)$ 是以 T 为周期的周期函数，并且在 $\left(-\dfrac{T}{2}, \dfrac{T}{2}\right)$ 上满足狄利克雷条件，那么 $x(t)$ 可以展开成傅里叶级数，即

$$x(t) = \frac{a_0}{2} + \sum_{n=1}^{\infty} \left(a_n \cos n\omega t + b_n \sin n\omega t \right) \tag{4-25}$$

式中　$a_n = \dfrac{2}{T} \int_{-\frac{T}{2}}^{\frac{T}{2}} x(t) \cos n\omega t \mathrm{d}t$，$n=1,2,\cdots$；

$b_n = \dfrac{T}{2} \int_{-\frac{T}{2}}^{\frac{T}{2}} x(t) \sin n\omega t \mathrm{d}t$，$n=1,2,\cdots$；

$\omega = \dfrac{2\pi}{T}$。

常用的周期函数有三角波函数、矩形波函数和锯齿波函数等。

狄利克雷条件：

（1）$x(t)$ 在区间 $\left(-\dfrac{T}{2}, \dfrac{T}{2}\right)$ 上连续或只有有限个第一类间断点。并且在第一类间断点 c 上，函数的左极限 $x(c-0)$ 和右极限 $x(c+0)$ 存在，它们相等或不等，但都不等于 $x(c)$。

（2）$x(t)$ 在区间 $\left(-\dfrac{T}{2}, \dfrac{T}{2}\right)$ 上至多有有限个极值点，即可以把区间 $\left(-\dfrac{T}{2}, \dfrac{T}{2}\right)$ 分成有限个单调区间。

引用欧拉公式

$$\cos n\omega t = \frac{e^{jn\omega t} + e^{-jn\omega t}}{2}$$

$$\sin n\omega t = \frac{e^{jn\omega t} - e^{-jn\omega t}}{2j}$$

代入式（4-25），得傅里叶级数的复数形式为

$$x(t) = c_0 + \sum_{n=1}^{\infty}\left(c_n e^{jn\omega t} + d_n e^{-jn\omega t}t\right)$$

式中　$c_0 = \dfrac{a_0}{2} = \dfrac{1}{T}\displaystyle\int_{-\frac{T}{2}}^{\frac{T}{2}} x(t)\mathrm{d}t$ ；

$c_n = \dfrac{a_n - jb_n}{2} = \dfrac{1}{T}\displaystyle\int_{-\frac{T}{2}}^{\frac{T}{2}} x(t)(\cos n\omega t - j\sin n\omega t)\mathrm{d}t = \dfrac{1}{T}\displaystyle\int_{-\frac{T}{2}}^{\frac{T}{2}} e^{-jn\omega t}\mathrm{d}t$ ，$n=0,1,2,\cdots$ ；

$d_n = \dfrac{a_n + jb_n}{2} = \dfrac{1}{T}\displaystyle\int_{-\frac{T}{2}}^{\frac{T}{2}} x(t)(\cos n\omega t + j\sin n\omega t)\mathrm{d}t = \dfrac{1}{T}\displaystyle\int_{-\frac{T}{2}}^{\frac{T}{2}} e^{jn\omega t}\mathrm{d}t$ ，$n=0,1,2,\cdots$ 。

或

$$x(t) = \sum_{n=-\infty}^{+\infty} c_n e^{jn\omega t} = \frac{1}{T}\sum_{n=-\infty}^{+\infty}\left[\int_{-\frac{T}{2}}^{\frac{T}{2}} x(\tau)e^{-jn\omega t}\mathrm{d}\tau\right]e^{jn\omega t} \tag{4-26}$$

式中，$c_n = \dfrac{1}{T}\displaystyle\int_{-\frac{T}{2}}^{\frac{T}{2}} x(t)e^{-jn\omega t}\mathrm{d}t$ ，$n = \pm 0, \pm 1, \pm 2, \cdots$ 。

对于非周期函数 $x(t)$ ，可以把它看成周期函数 $x_T(t)$ 在 $T \to \infty$ 时的极限。对于式（4-26），令 $T \to \infty$ ，即

$$x(t) = \lim_{T \to \infty} x_T(t) = \lim_{T \to \infty}\frac{1}{T}\sum_{n=-\infty}^{\infty}\left[\int_{-\frac{T}{2}}^{\frac{T}{2}} x_T(\tau)e^{-jn\omega t}\mathrm{d}\tau\right]e^{jn\omega t} \tag{4-27}$$

若令 $\omega_n = n\omega$ ，$\Delta\omega = \omega_n - \omega_{n-1}$ ，则

$$\Delta\omega = n\omega - (n-1)\omega = \omega = \frac{2\pi}{T}$$

$$T = \frac{2\pi}{\Delta\omega}, \quad T \to \infty, \Delta\omega \to 0, \omega_n \to \omega$$

代入式（4-27）得

$$x(t) = \lim_{\substack{T \to \infty \\ \Delta\omega \to 0}}\frac{1}{2\pi}\sum_{n=-\infty}^{\infty}\left[\int_{-\frac{T}{2}}^{\frac{T}{2}} x_T(\tau)e^{-j\omega_n\tau}\mathrm{d}\tau\right]e^{j\omega_n t}\Delta\omega = \frac{1}{2\pi}\int_{-\infty}^{\infty}\left[\int_{-\infty}^{\infty} x_T(\tau)e^{-j\omega\tau}\mathrm{d}\tau\right]e^{j\omega t}\mathrm{d}\omega \tag{4-28}$$

傅里叶积分存在定理：若 $x(t)$ 在任何有限区间上满足狄利克雷条件，并且在 $(-\infty, +\infty)$ 绝对可积，即 $\displaystyle\int_{-\infty}^{\infty}|x(t)|\mathrm{d}t$ 存在，则有

$$\frac{1}{2\pi}\int_{-\infty}^{\infty}\left[\int_{-\infty}^{\infty}x_T(\tau)\mathrm{e}^{-\mathrm{j}\omega\tau}\mathrm{d}\tau\right]\mathrm{e}^{\mathrm{j}\omega t}\mathrm{d}\omega=\begin{cases}x(t), & t\text{为连续点}\\[2mm]\dfrac{x(t+0)+x(t-0)}{2}, & t\text{为不连续点}\end{cases}$$

此处把周期函数的傅里叶级数公式扩展为非周期函数的傅里叶积分。

2. 傅里叶变换的定义

设

$$X(\omega)=\int_{-\infty}^{\infty}x_T(\tau)\mathrm{e}^{-\mathrm{j}\omega\tau}\mathrm{d}\tau,\quad \omega\in(-\infty,+\infty) \tag{4-29}$$

则式（4-28）可改写为

$$x(t)=\frac{1}{2\pi}\int_{-\infty}^{\infty}X(\omega)\,\mathrm{e}^{\mathrm{j}\omega\tau}\mathrm{d}\omega \tag{4-30}$$

式中，$X(\omega)$ 为自变量是实数的复函数。

由式（4-29）和式（4-30）可知，$x(t)$ 和 $X(\omega)$ 通过指定的积分运算可以互相表达。式（4-29）称为 $x(t)$ 的傅里叶变换（简称傅氏变换），式（4-30）称为 $X(\omega)$ 的傅里叶逆变换，把式（4-29）和式（4-30）称为傅里叶变换对。

【例 4.2】　求指数衰减函数的傅里叶变换。

解：设指数衰减函数为

$$x(t)=\begin{cases}0, & t<0\\ \mathrm{e}^{-\beta t}, & t\geqslant0\end{cases}$$

式中，$\beta>0$。指数衰减函数图示如图 4-19 所示。

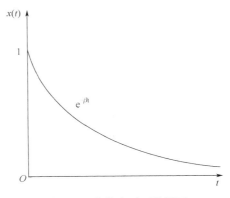

图 4-19　指数衰减函数图示

将指数衰减函数代入式（4-29）可得

$$X(\omega)=\int_{-\infty}^{+\infty}x(t)\mathrm{e}^{-\mathrm{j}\omega t}\mathrm{d}t=\int_{-\infty}^{+\infty}\mathrm{e}^{-\beta t}\mathrm{e}^{-\mathrm{j}\omega t}\mathrm{d}t=\int_{-\infty}^{+\infty}\mathrm{e}^{-(\beta+\mathrm{j}\omega)t}\mathrm{d}t=-\frac{1}{\beta+\mathrm{j}\omega t}\mathrm{e}^{-(\beta+\mathrm{j}\omega)t}\Big|_{0}^{+\infty}$$

因为 β、ω、t 都是实数，$\beta>0$，$\left|\mathrm{e}^{-(\beta+\mathrm{j}\omega)t}\right|=\mathrm{e}^{-\beta t}$，并且当 $t\to+\infty$ 时，$\mathrm{e}^{-\beta t}\to0$，所以 $\lim\limits_{t\to+\infty}\mathrm{e}^{-(\beta+\mathrm{j}\omega)t}=0$。因此

$$X(\omega)=\frac{1}{\beta+\mathrm{j}\omega}=\frac{\beta-\mathrm{j}\omega}{\beta^{2}+\omega^{2}}$$

这就是指数衰减函数的傅里叶变换。

$X(\omega)$ 一般为复函数（复数含有相位信息），它的共轭复数 $X^*(\omega)$ 为

$$X^*(\omega) = \frac{\beta + \mathrm{j}\omega}{\beta^2 + \omega^2}$$

3. 傅里叶变换的物理意义

设有限样本函数

$$x_T(t) = \begin{cases} x(t), & -\dfrac{T}{2} \leqslant t \leqslant \dfrac{T}{2} \\[2mm] 0, & |t| > \dfrac{T}{2} \end{cases}$$

对 $x_T(t)$ 进行傅里叶变换

$$X_T(\omega) = \int_{-\infty}^{+\infty} x_T(t) \mathrm{e}^{-\mathrm{j}\omega t} \mathrm{d}t$$

$$x_T(t) = \frac{1}{2\pi} \int_{-\infty}^{+\infty} X_T(\omega) \mathrm{e}^{\mathrm{j}\omega t} \mathrm{d}\omega$$

已知均方值，即该信号的总功率，可以表示为

$$\begin{aligned} \hat{\varphi}_x^2 &= \frac{1}{T} \int_{-\frac{T}{2}}^{+\frac{T}{2}} x_T^2(t)\mathrm{d}t = \frac{1}{T}\int_{-\frac{T}{2}}^{+\frac{T}{2}} x_T(t)\left[\frac{1}{2\pi}\int_{-\infty}^{+\infty} X_T(\omega)\mathrm{e}^{-\mathrm{j}\omega t}\mathrm{d}\omega\right]\mathrm{d}t \\ &= \frac{1}{2\pi T} \int_{-\infty}^{+\infty} X_T(\omega)\left[\int_{-\infty}^{+\infty} x_T(t)\mathrm{e}^{-\mathrm{j}\omega t}\mathrm{d}t\right]\mathrm{d}\omega \\ &= \frac{1}{2\pi T} \int_{-\infty}^{+\infty} X_T(\omega)X^*(\omega)\mathrm{d}\omega \\ &= \frac{1}{2\pi T} \int_{-\infty}^{+\infty} \left|X_T(\omega)\right|^2 \mathrm{d}\omega \end{aligned}$$

式中，$X^*(\omega)$ 是复函数 $X(\omega)$ 的共轭复数。当 $T \to \infty$ 时，得

$$\hat{\varphi}_x^2 = \lim_{T \to \infty} \frac{1}{T} \int_{-\frac{T}{2}}^{+\frac{T}{2}} x_T^2(t)\mathrm{d}t = \frac{1}{2\pi} \int_{-\infty}^{+\infty} \lim_{T \to \infty} \left\{ \frac{1}{T}\left|x_T^2(\omega)\right| \right\} \mathrm{d}\omega$$

其中，将 $\displaystyle\lim_{T \to \infty} \frac{1}{T}\left|X_T(\omega)\right|^2 = S(\omega)$ 称为功率谱密度函数。因为它定义在 $-\infty \leqslant \omega \leqslant +\infty$ 上，所以又称双边功率谱密度。

由此可见，在时域 $-\infty \leqslant \omega \leqslant +\infty$ 和频域 $-\infty \leqslant \omega \leqslant +\infty$ 上有

$$\frac{1}{T}\int_{-\infty}^{+\infty} x^2(t)\mathrm{d}t = \frac{1}{2\pi}\int_{-\infty}^{+\infty} S(\omega)\mathrm{d}\omega$$

这就是著名的帕塞瓦尔定理，它说明振动信号在频域上的总功率等于在时域上的总功率。所以，在振动信号分析领域，可以将 $X(\omega)$ 理解为是振动信号中频率为 ω 的振动信号分量的幅值，称为频谱。通过傅里叶变换，可以将时域信号转换成频域函数。发动机振动信号是复杂的随机信号，但它经过傅里叶变换后得到的频谱函数却是稳定和清晰的，因此可以作为发动机故障诊断的工具。

4. 傅里叶变换的应用

在上面的讨论中，定义了双边功率谱密度函数

$$S(\omega) = \lim_{T \to \infty} \frac{1}{T} \left| X_T(\omega) \right|^2 \qquad (4\text{-}31)$$

式中，$X_T(\omega) = \int_{-\infty}^{+\infty} x_T(t) e^{-j\omega t} dt$ 是对 $x_T(t)$ 进行傅里叶变换得到的。

由帕塞瓦尔定理可知，功率谱密度函数是振动信号总能量在频域的分布，是傅里叶变换在信号分析方面的一个重要应用。

由于工程上只有非负频率（$\omega > 0$），且频率 ω 的功率谱密度函数应为 $S(\omega) + S(-\omega)$，但 $S(\omega)$ 是实偶函数，因此在 $-\infty \leqslant \omega \leqslant +\infty$ 上定义单边功率谱密度函数，记为 $G(\omega)$。

$$G(\omega) = \begin{cases} 2S(\omega), & 0 \leqslant \omega \leqslant +\infty \\ 0, & \omega < 0 \end{cases}$$

在数学上是通过对相关函数进行傅里叶变换来求功率谱密度函数的。对应于自相关函数和互相关函数分别有自功率谱密度函数和互功率谱密度函数，其物理意义不尽相同。

1）幅度谱分析

所谓幅度谱分析，就是直接对采样所得的时域信号进行傅里叶变换，求得关于该时域信号的频率构成信息，其数学运算式为

$$X(f) = \int_{-\infty}^{+\infty} x(t) e^{-j2\pi f t} dt \qquad (4\text{-}32)$$

式中　$x(t)$——时域信号（振动加速度、速度或位移等一切以时间 t 为自变量的函数）；

$X(f)$——信号的幅度谱，是以频率为自变量的复值函数。

对于周期信号，经过傅里叶变换后得到的幅值谱 $\left| X(f) \right|$ 是离散谱，即构成信号的频率成分是基波及其各次谐波分量；而对于非周期信号，其幅值谱 $\left| X(f) \right|$ 是连续谱，即信号连续地分布在一定的频率范围内。

2）自功率谱密度函数

自功率谱密度函数由自相关函数的傅里叶变换得到

$$S_x(\omega) = \frac{1}{2\pi} \int_{-\infty}^{\infty} R_x(\tau) e^{-j\omega\tau} d\tau \qquad (4\text{-}33)$$

或

$$S_x(f) = \int_{-\infty}^{\infty} R_x(\tau) e^{-j2\pi f \tau} d\tau \qquad (4\text{-}34)$$

对于各态历经的随机过程，功率谱密度函数可以由样本函数 $x(t)$ 经过傅里叶变换得到

$$S_x(f) = \lim_{T \to \infty} \frac{1}{T} A(f) A^*(f) \qquad (4\text{-}35)$$

式中，$A(f) = \int_{-\infty}^{+\infty} x(t) e^{-j2\pi f t} dt$，$x(t) = x_T(t)/u(t)$，$u(t)$ 为截断函数；$A^*(f)$ 为 $A(f)$ 的共轭复数。

由帕塞瓦尔定理可以推知，信号的幅度谱与自功率谱之间的对应关系为

$$S(f) = \frac{X^2(f)}{T}$$

其离散化采样的计算公式为

$$S_N(f) = \frac{1}{N} |X_N(f)|^2$$

式中，N——采样长度。

自功率谱密度函数 $S_x(\omega)$ 的主要性质有以下两点。

（1）谱密度曲线下的面积等于响应的均方值，即

$$\int_{-\infty}^{\infty} S_x(\omega)\mathrm{d}\omega = R_x(0) = E\left[x^2\right]$$

（2）$S_x(\omega)$ 是 ω 的实偶函数。

3）互功率谱密度函数

互功率谱密度函数由互相关函数的傅里叶变换得到

$$S_{xy}(\omega) = \frac{1}{2\pi}\int_{-\infty}^{\infty} R_{xy}(\tau)\mathrm{e}^{-\mathrm{j}\omega\tau}\mathrm{d}\tau \tag{4-36}$$

或

$$S_{xy}(f) = \int_{-\infty}^{\infty} R_{xy}(\tau)\mathrm{e}^{-\mathrm{j}2\pi f\tau}\mathrm{d}\tau \tag{4-37}$$

互功率谱密度函数 $S_{xy}(\omega)$ 的主要性质有以下两点。

（1）$S_{xy}(\omega)$ 是复函数。$S_{xy}(\omega)$ 与 $S_{yx}(\omega)$ 组成复共轭对，即

$$\begin{cases} S_{xy}(\omega) = S_{yx}^*(\omega) \\ S_{yx}(\omega) = S_{xy}^*(\omega) \end{cases}$$

（2）互动率谱密度函数模的平方不大于对应自功率谱密度函数的乘积，即

$$\left|S_{xy}(\omega)\right|^2 \leqslant S_x(\omega)S_y(\omega)$$

4）凝聚函数

由于互功率谱密度函数 $S_{xy}(f)$ 是实变量的复值函数，因此可以将其表示为

$$S_{xy}(f) = C_{xy}(f) + \mathrm{j}Q_{xy}(f) \tag{4-38}$$

式中　$C_{xy}(f)$ ——共谱密度；

　　　$Q_{xy}(f)$ ——重谱密度。

互功率谱密度函数的标准化形式称为凝聚函数（相干函数），即

$$\gamma_{xy}^2(f) = \frac{|S_{xy}(f)|^2}{S_x(f)S_y(f)}, \quad 0 \leqslant \gamma_{xy}^2(f) \leqslant 1 \tag{4-39}$$

相干函数常用于判断两个信号在频域的相关程度。例如，在高压油泵系统中，利用油压脉动信号与油管振动信号的相干分析判断油管的振动是不是由油压的脉动引起的。$\gamma_{xy}^2(f_i) = 0$ 表示两个信号在频率 f_i 下不相干，$\gamma_{xy}^2(f_i) = 1$ 表示两个信号在频率 f_i 下完全相干。

5. 频谱分析实例

频谱分析方法是进行发动机振动监控和故障诊断最广泛、最有效的方法之一，常用的有幅值谱、相位谱和功率谱。

如图 4-20 所示是滚动轴承振动信号的频谱图。可以看出该轴承有较宽的振动频带，在 0～5.1kHz 之间有 3 个清晰的谱峰，在 12kHz、24kHz～30kHz、68kHz～72kHz 处均有附加的谱峰，对应着滚动元件、套圈、保持架所激起的振动能量。

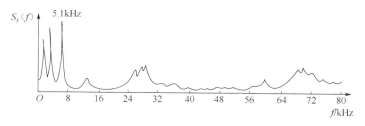

图 4-20　滚动轴承振动信号的频谱图

在振动分析中还经常利用转速谱图（也称瀑布图）来进行发动机的故障诊断。所谓转速谱图是把在不同转速下振动的功率谱绘制在一张图上，形成"三维"图形，如图 4-21 所示。转速谱图对于识别强迫振动、非线性振动和自激振动等非常有用。

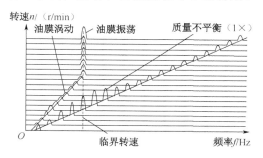

图 4-21　转子加速过程的转速谱图

4.2.4　振动系统动态特性分析

所谓系统，是指能够完成一定任务的一系列互相关联的部件的集合，如电力系统、机械系统、液压系统及生物系统等。机械产品、工程结构或机器零部件通常是由若干个弹性元件、阻尼器和质量块（集中质量）或质量杆（分布质量的同时又是弹性元件）等组成的，这些相互关联的组成物受到外界激励后，会产生振动特征量的响应，将这样的系统称为机械振动系统或结构动力系统。航空发动机的主体结构就属于结构动力系统，它主要由转子、静子、支承、机匣和其他承力件等组成。在这样的复杂系统中，各个元件的形式、结构参数、性能和相互连接的方式均不相同，在受到同一激励的作用时，不同系统的振动响应是不同的。在维修工作中，有时需要了解哪些转速范围可能发生较大的振动，有时还需要了解振动与哪些元件或原因有关，这就需要描述系统的振动响应与激励之间的关系。描述系统的振动响应与激励之间关系的函数或指标称为系统的动态特性。所以，在发动机状态监控和故障诊断中，动态特性分析也是非常重要的技术手段。

描述系统的动态特性有两种方法：一种是在频域内用"频率响应函数"描述，另一种是在时域内用"脉冲响应函数"描述。

1. 频率响应函数

系统在频率为 ω 的单位幅值正弦激励 $x(t)$ 的作用下，响应 $y(t)$ 的幅值称为系统的频率响应函数，用 $H(\omega)$ 表示。一般情况下，$H(\omega)$ 是一个复函数，即

$$H(\omega) = |H(\omega)| e^{j\theta(\omega)} \qquad (4\text{-}40)$$

$$|H(\omega)| = \frac{y_0}{x_0} \qquad (4\text{-}41)$$

$$\theta(\omega) = \arctan \frac{\text{Im}\{H(\omega)\}}{\text{Re}\{H(\omega)\}} \qquad (4\text{-}42)$$

式中，$|H(\omega)|$ 为频率响应函数的模，又称系统的增益因子；$\theta(\omega)$ 为频率响应函数的相角，是响应与激励之间的相位差，又称系统的相位因子。

求 $H(\omega)$ 的步骤如下。

（1）对系统进行受力分析和运动分析，并用图表示。

（2）取适当的坐标轴（相对坐标、绝对坐标）。

（3）用动力学定理（如牛顿第二定律、动量矩定理、拉格朗日方程等）建立系统的激励与响应之间的微分方程式。

（4）若激励为单位幅值的正弦信号，即 $x(t) = e^{j\omega t}$，则响应一定是激励的 $H(\omega)$ 倍，即

$$y(t) = H(\omega) \cdot e^{j\omega t}$$

（5）将激励和响应及其导数代入系统的运动方程，并消去公因子 $e^{j\omega t}$，即可得到系统的频率响应函数。将系统的运动微分方程进行拉普拉斯变换得到传递函数 $H(s)$，然后令 $s = j\omega$，即得到频率响应函数。

2. 脉冲响应函数

对于稳定的、受激励之前处于静止状态的系统，在受到一个脉冲信号的作用以后，系统的响应幅值会突然显示出来，并随时间推移衰减到原来平衡状态的位置。若系统在初始时受到单位脉冲函数 $\delta(t)$ 的激励，则产生的响应 $h(t)$ 称为脉冲响应函数。

工程上将单位脉冲函数定义为

$$\delta(t) = \begin{cases} 0, & t \neq 0 \\ \infty, & t = 0 \end{cases} \qquad (4\text{-}43)$$

且

$$\int_{-\infty}^{\infty} \delta(t)\,\mathrm{d}t = \int_{0-}^{0+} \delta(t)\,\mathrm{d}t = 1 \qquad (4\text{-}44)$$

为了便于理解脉冲函数，这里先考察宽度为 τ 的矩形脉冲函数 $\delta_\tau(t)$

$$\delta_\tau(t) = \begin{cases} 0, & t < 0 \\ \delta_0, & 0 \leqslant t \leqslant \tau \\ 0, & t > \tau \end{cases} \qquad (4\text{-}45)$$

若要使

$$\int_{-\infty}^{\infty} \delta_\tau(t)\,\mathrm{d}t = 1 \qquad (4\text{-}46)$$

则

$$\int_{-\infty}^{\infty} \delta_\tau(t)\,\mathrm{d}t = \int_0^\tau \delta_0\,\mathrm{d}t = \delta_0 \tau$$

所以 $\delta_0 = \dfrac{1}{\tau}$。当 $\tau \to 0$ 时，$\delta_0 \to \infty$。

可以将单位脉冲函数看成矩形脉冲函数在 $\tau \to 0$ 时的极限，即

$$\delta(t) = \lim_{\tau \to 0} \delta_\tau(t)$$

$$\delta_\tau(t) = \begin{cases} 0, & t < 0 \\ \dfrac{1}{\tau}, & 0 \leqslant t \leqslant \tau \\ 0, & t > \tau \end{cases} \tag{4-47}$$

所以

$$\int_{-\infty}^{\infty} \delta(t)\,\mathrm{d}t = \int_{-\infty}^{+\infty} \lim_{\tau \to 0} \delta_\tau(t)\,\mathrm{d}t = \lim_{\tau \to 0} \int_{-\infty}^{+\infty} \delta_\tau(t)\,\mathrm{d}t = \lim_{\tau \to 0} \int_0^\tau \frac{1}{\tau}\,\mathrm{d}t = \lim_{\tau \to 0} \frac{1}{\tau} t \bigg|_0^\tau = 1$$

脉冲响应函数 $h(t)$ 在 $t<0$ 时是等于 0 的，一般情况下，它是一个在时域的实不对称函数，且满足收敛条件

$$\int_{-\infty}^{\infty} |h(t)| < \infty \tag{4-48}$$

函数 $h(t)$ 与系统的质量 m、刚度 k、阻尼 r 有关。

求 $h(t)$ 的步骤如下。

（1）对系统进行受力分析和运动分析，并用图表示。

（2）选取适当的坐标轴（相对坐标、绝对坐标）。

（3）用动力学定理（如牛顿第二定律、动量矩定理、拉格朗日方程等）建立系统的激励与响应之间的微分方程式。

（4）用单位脉冲函数 $\delta(t)$ 代替微分方程中的激励项，即令 $x(t) = \delta(t)$，并对方程两边从负零到正零进行积分，求得方程的通解。

（5）应用初始条件确定解的积分常数，所得的特解 $y(t)$ 即为系统的脉冲响应函数 $h(t)$。

3. 频率响应函数和脉冲响应函数的实际应用

模式识别方法是航空发动机状态监控与故障诊断的主要方法之一。模态分析和参数识别是其在发动机故障诊断中的具体应用，是一种试验和理论分析相结合的方法。简单地说，模态分析和参数识别就是通过试验测定结构系统的传递函数，然后经过分析确定系统的模态参数（固有频率、振型等）。模态试验的过程包括激励、测量、分析 3 个基本环节。

激励：采用某种手段使待测系统发生振动，激振的形式可以是正弦激励、瞬态激励或随机激励。

测量：通过一定的测试技术或方法采集系统的振动信号和激励信号，可以是位移信号、速度信号或加速度信号。

分析：通过信号分析得到系统的模态信息，包括固有频率、主振型、相频特性和单位激振力作用下的振动响应等重要信息。

模态试验中的稳态正弦激励法和脉冲锤击法就是频率响应函数和脉冲响应函数的实际应用。

1）稳态正弦激励法

稳态正弦激励法是给被测系统施加一个稳定的单一频率的正弦信号，同时测量激励信号和系统的响应信号，并将信号经过傅里叶变换由时域转换到频域，计算出传递函数。改变激励信

号的频率，重复上述试验，即可得到各频率下的传递函数，即频率响应函数。

稳态正弦激励法测试系统框图如图 4-22 所示。

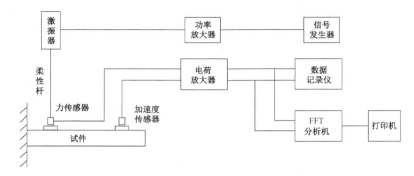

图 4-22 稳态正弦激励法测试系统框图

2）脉冲锤击法

脉冲响应函数的一个重要应用是用锤击法进行系统的动态特性分析试验。可用于测试发动机叶片的自振频率，进行系统的模式识别或系统辨识。

前面已知单位脉冲函数 $\delta(t)$ 有一个重要特性，它的傅里叶变换为常数，即

$$A(f) = \int_0^\tau \delta(t) e^{-j2\pi ft} dt = 常数$$

这一性质的物理意义是非常清楚的，即 $\delta(t)$ 的能量在频域上是均匀分布的，可以不用变换正弦激振信号的频率就可观察系统的振动响应频率和响应函数。因为理论上激励中已包含了所有的频率成分，因此只需要脉冲式的一次激励，即可求出系统在全频域的频率响应。

锤击法就是通过锤击（或其他产生瞬时冲击的方法，如对超大型结构采用放炮的方法）对被测系统施加一个瞬时力——相当于 $\delta(t)$ 函数的脉冲力。根据单位脉冲函数的能量在频域均匀分布的性质，脉冲激励是一种宽频带激励，此激励可以代替频率的扫描过程，因此可以测出各阶模态（振型），这是一种快速测试技术。

脉冲锤击法测试系统框图如图 4-23 所示。

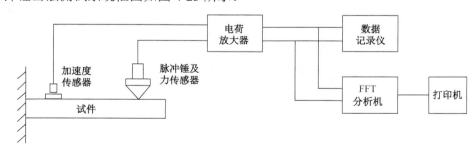

图 4-23 脉冲锤击法测试系统框图

4.3 发动机常见振动故障

发动机的振动是很复杂的，引起发动机振动的原因有很多。发动机的振动按性质可分为强迫振动和自激振动，相应的激振力可分为外部激振力和自激力，激振力按物理性质又可分为机械力、流体力和声波激振力等。发动机振动的原因往往与发动机的某些零部件有关，因

此可将激振源分为转子源、轴承源、传动齿轮源、结构源（支板、静子叶片），以及压气机旋转失速、喘振和振荡燃烧等。

4.3.1　转子激振源

发动机转子系统的振动故障有很多，其中 3 种比较典型的故障为：转子系统的不平衡故障、转子系统的不对中故障和转子系统的碰磨故障。转子是高速旋转机械中最基本和最主要的激振源之一。

1. 转子系统的不平衡故障

1）转子系统不平衡的原因

转子上所装配的各个附件，由于材质不均、加工误差、装配偏心，以及实际运行中产生的磨损、腐蚀、变形等，会导致附件发生质心偏移，从而造成转子系统的不平衡振动。

影响不平衡振动的因素主要有 3 个，分别是转子质量、质心偏移距离（偏心距）和转子转速。

由动力学原理可知，转子旋转时产生离心力，其大小与转子质量、偏心距及转子转速的平方成正比。离心力作用在转子的两个轴承上，轴承受变力作用就会产生振动，这是造成不平衡振动的直接原因。不平衡振动对转速的反应最敏感，这一特点是判别不平衡故障的重要依据。

2）转子系统不平衡故障的振动特征

临界转速下的转子频率称为工频，转子系统振动故障的故障特征频率都与转子的工频有关，故障特征频率等于转子工频的倍频或分频。

在不平衡力的作用下，发动机机匣上的每个点都在垂直于转子旋转轴线的平面内做轨迹近似于椭圆的运动，不平衡力矩导致机匣围绕转子的旋转轴线做"回转"振动，但机匣上的每个点仍以转子的旋转频率沿径向和切向做简谐振动。发动机机匣刚度和安装刚度的不均匀性还可以激起二阶谐波。

3）转子系统不平衡故障的振动控制方法

工程上通过限制不平衡量来保证发动机的振动在允许的范围之内。一般发动机转子的不平衡量限制在 10 g•cm 以下，对于小发动机有的仅允许不大于 1 g•cm 的不平衡量。

现在的民用航空发动机大多为涡扇发动机，当发动机转子不平衡引起的振动超限时，就要进行发动机动平衡检测，对发动机进行定量诊断，求出不平衡配重，并在平衡平面上安装配重块，减少不平衡量，从而减小发动机的振动。

2. 转子系统的不对中故障

航空发动机在运行中因为多种原因可能出现转子不对中的现象，如果发动机在转子不对中的情况下运行，就会引起发动机的振动、联轴节的偏移、轴承的磨损和转子的挠曲变形等故障，对发动机的健康运行危害极大。

1）转子不对中的机理

转子不对中是指发动机由联轴器连接的两个相邻转子的轴心线相对于轴承中心线发生偏斜。转子系统的不对中多为转子支承不对中，所谓支承不对中是指转子—支承的几何轴心和机匣的几何轴心不在一条直线上，或者当转子具有 3 个以上支点时，各支点的中心不在一条直线上（或称转子的多个支点不同轴）。根据发动机的结构可以看出，转子、支承、机匣不同心的情况在很多时候是无法避免的。转子不对中包括轴承不对中和联轴器不对中两种情况。

（1）轴承不对中。

轴颈在轴承中偏斜称为轴承不对中。轴承不对中包括偏角不对中和标高变化两种情况。转子轴颈与其两端的轴承不对中，将产生附加弯矩，给轴承增加附加载荷，从而使轴承间的载荷重新分配，产生附加激振，因此发动机转子强烈振动，严重时导致轴承和联轴器损坏。

（2）联轴器不对中。

当发动机前后部分的转子之间用联轴器连接时，如果轴心线不在同一条直线上，就称为联轴器不对中。发动机转子通常由多个转子组成，各转子之间用联轴器连接构成轴系，传递扭矩和运动。由于出厂或大修的装配误差、工况下的热膨胀、承载后的变形等，可能会造成发动机工作时各个转子的轴心线不对中。联轴器不对中又可分为平行不对中、偏角不对中和组合不对中 3 种情况。转子不对中情况示意图如图 4-24 所示。

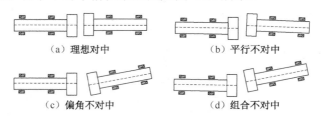

（a）理想对中　　　　　　　　（b）平行不对中

（c）偏角不对中　　　　　　　　（d）组合不对中

图 4-24　转子不对中情况示意图

2）转子不对中的原因

实际工况中，转子不对中的原因有以下两种。

（1）制造误差。

由于工艺或测量等原因，在加工过程中会造成联轴器端面与轴心线不垂直或端面螺孔与轴颈非同心，在上述情况下，转子在联轴器处会产生一个附加弯矩，但这个弯矩的大小和方向不随时间及运行条件的变化而变化，只相当于在联轴器处施加了一个不平衡力，其结果是在联轴器附近产生较大的一阶振动，该振动可以通过平衡配重的方法消除。

（2）安装误差及其他影响。

转子不对中的情况分为冷态不对中和热态不对中两种。其中，冷态不对中主要是指常温下由于安装误差造成的转子对中不良；热态不对中是指转子系统在运行过程中，由于温度等因素造成的转子不对中。热态不对中的主要原因包括转子受热不均、转子系统各部件热膨胀变形和扭曲变形。

现代民用航空发动机大都采用多转子系统，其中最普遍的是双转子系统。民用航空发动机的双转子系统包括低压压气机转子、高压压气机转子、高压涡轮转子、低压涡轮转子，这些转子通过轴间轴承或锥体相互连接。由于连接误差，各转子之间会存在不对中现象。

3）转子不对中的故障特征

最大振动位置一般在不对中联轴器两侧的轴承上，并且振动幅值随转子的转速增大而增大。联轴器不对中时，轴向振动较大，振动频率为一倍基频，振动幅值和相位比较稳定。

4）转子不对中故障的振动控制

对于制造误差引起的转子不对中，需要修复转子，然后进行动平衡检测；对于安装误差引起的转子不对中，需要校直，重新装配转子，然后进行动平衡检测。

3. 转子系统的碰磨故障

转子与机匣的碰磨是航空发动机常见的故障之一。转子碰磨故障会引起发动机整机振动过大，破坏发动机健康状态，影响发动机的效率，也有可能使机匣发生较大的变形，或者使发动机转子叶片产生疲劳裂纹甚至使叶片断裂。碰磨故障发生时，转子的阻尼、刚度、弹性力等发生非线性变化。造成转子碰磨的原因多种多样，如转子不平衡、转子不对中、轴承裂纹、转子弯曲、部件装配不当，以及转子与静子之间的相对运动等。碰磨故障主要是由于转子振动过大造成的，轻则使机组的振动加剧，影响机组的使用寿命；重则引起转子的永久弯曲，甚至导致机毁人亡。

1）转子系统碰磨故障的机理

在转子系统中，根据转子与静子的接触面积的不同，可将碰磨分为以下 4 种。

（1）定点碰磨。

定点碰磨是指转子叶片在一个旋转周期内与静子部件某点接触的情况。当机匣的刚度比转子系统的刚度大太多时，就会发生定点碰磨；当机匣变形区域有凸出点时，碰磨所产生的破坏力会改变发动机转子运动轨迹的方向。这种故障情况下的振动响应值为转子和静子各接触点的法向力之和。这种点接触的振动响应由于转子系统阻尼的影响及接触刚度的非线性因素影响，信号的频率谱常包含丰富的高频成分。

（2）整圆碰磨。

整圆碰磨是指转子在进动时经常与静子部件接触，这种情况下，转子的振动信号频谱是丰富的离散谱，高阶谐波成分的能量较大，而且接触点越均匀，高频谐波成分就越强。整圆碰磨时的接触刚度小，没有回弹力，在轴承润滑不良的条件下也常发生此种故障。

（3）偏磨。

偏磨产生的原因是静子机匣装配时带来的椭圆度和转子支承不同心，以及转子运行时转子周向热不均匀造成的局部变形引起的机匣局部变形和支承同心度变化。

2）碰磨故障的振动特征

碰磨故障的振动特征如下。

（1）振动信号的时域波形特征。

在时域上，当转子未发生碰磨故障时，转子的振动波形为正弦波。当转子发生碰磨故障时，转子的振动波形发生变化，将出现削波现象，即振动信号的波峰看上去被削去了一部分，这种现象是由于不同频率的高频信号叠加在基频信号上造成的。

（2）振动信号的频谱特征。

碰磨故障所产生的振动信号具有丰富的频谱，频谱中有 1 倍频、2 倍频、3 倍频和 4 倍频，也有大于 5 倍频的高频成分，还有一些低频成分。在不同的碰磨程度下，对转子振动信号频谱中的各振动成分进行研究，发现：

① 低频成分的幅值与工频成分的幅值之比不超过十分之一；

② 4 倍频以上的高频成分的幅值与工频成分的幅值之比很小，不超过百分之一；

③ 2 倍频和 3 倍频成分的幅值与工频成分的幅值之比较大，一般为五分之一到二分之一。

（3）碰磨故障的轴心运动轨迹。

根据碰磨故障情况的不同，转子的轴心运动轨迹有如下特征：

① 发生整周碰磨故障时，转子的轴心运动轨迹呈圆形或椭圆形；

② 发生单点局部碰磨故障时，转子的轴心运动轨迹呈 8 字形；

③ 发生多点局部碰磨故障时，转子的轴心运动轨迹呈花瓣形。

3）碰磨故障的振动控制

当发生定点碰磨时，应调整转子与静子的相对位置、间隙和转子的不对中度，改善基础变形；当发生整圆碰磨时，应按技术要求安装轴承，增加轴承比压，调整润滑油温度。实际上，随着民航技术的发展，航空发动机高压涡轮上已装有主动间隙控制系统，可以防止由于热胀冷缩引起的因转子和静子的间隙过小而导致的发动机转子系统的碰磨故障。

4.3.2 气动激振力

气动激振力是燃气涡轮发动机最基本和最主要的激振源之一。一类气动激振力的产生与转子的运动无关，如压气机旋转失速、喘振和振荡燃烧等；另一类气动激振力则是由转子的运动引起的，如篦齿密封装置的气弹效应和涡轮叶尖间隙的气弹效应等。气动激振力的能量很大，因为它的能量来自高温、高压和高速的气流，一旦发生，其振动总能量往往大于转子源的能量，所以危害也很大。

1. 压气机旋转失速、喘振

1）旋转失速

当转子转速一定而空气流量减小到一定程度后，压气机中的空气将出现不稳定流动的现象，这时会产生一个或几个流过叶片的气流分离区，又称旋转失速区。如图 4-25 所示为 3 个旋转失速区示意图。旋转失速区引起作用在机匣上气流压力的脉动，从而导致机匣的低频振动。

图 4-25　3 个旋转失速区示意图

在旋转失速时，机匣的振动频率为

$$f = m(0.3 \sim 0.5)n/60 \tag{4-49}$$

式中，n 为转子的转速；m 为失速区的个数。

旋转失速引起的振动的频率与转子的旋转频率没有固定关系，通常通过试验来确定。当旋转失速严重到一定程度时，就会发生喘振。因此，如果能及时准确地判定旋转失速，就可以诊断和预告喘振的发生。

2）喘振

压气机喘振是气流沿压气机轴线方向发生的超低频率（通常只有几赫兹到十几赫兹）、超高振幅（有强烈的压力和流动振荡）的气流振荡现象，这种气流振荡一旦发生，将使发动机产生最强烈的激振源，并且具有较强的破坏性。

2. 振荡燃烧

振荡燃烧是燃烧过程和声学振动相互作用产生的，它的频率正比于声速而反比于振动波经过的长度，一般为 50Hz～5000Hz。

振荡燃烧时激起的振动幅值取决于声学振动的强弱和发动机的振动特性。这种振动的组成成分相当复杂，所有分量的幅值都是极不稳定的。在不利条件下，这种振动的强烈程度可能超过转子源振动的强烈程度。

4.3.3　发动机振动的特点

发动机振动是其结构受到激振力作用后的响应。通常，在发动机结构上同时作用多种类型的激振力，各激振力的特性、强度、作用部位及作用方式决定了发动机的振动特性。安装在飞机或地面台架上的发动机是非常复杂的振动系统，无论用解析法还是试验法，要彻底地研究其振动特性都是十分困难的。在实际工作中，只能抓住主要矛盾，找出激励发动机振动的主要激振源和能反映发动机整机振动特性的主要部位，对其进行分析研究。

对于在实际飞行环境中的航空发动机，由于结构形式和试验条件的限制，往往只能通过监测机匣的绝对振动来进行整机振动监控，这与地面旋转机械（如汽轮机、压缩机、燃气轮机等）的振动监控不同。并且，航空发动机的安装刚度与地面旋转机械相比要小得多。航空发动机的振动具有以下几个特点。

（1）如果压气机、涡轮转子作用在支承上的力的大小不相等，那么机匣前部和后部的运动轨迹半径也不一定相等。

（2）发动机各段机匣的运动轨迹不是圆形，可简单地看成椭圆形，并且这些椭圆形长短轴的大小和方向均可能不相同。

（3）机匣本身不是一个刚体，而是具有分布质量与分布刚度的弹性体，机匣各部分的连接刚度也有很大不同，故在机匣的各个位置上，振动情况均不同。

4.4　发动机振动故障诊断实例

旋转机械是工业中应用最广泛的一类机械，如航空燃气涡轮发动机、船用燃气涡轮发动机、工业用燃气轮机、工业用汽轮机、发电机及轴流式压缩机等。旋转机械常见的故障包括：转子（转轴）的不平衡，转子支承不对中，转轴的初始弯曲、热弯曲，共振，自激振动、轴弯引起的分数倍频涡动，轴承的油膜振荡，转子结构缺陷、裂纹、部件松动等。航空燃气涡轮发动机属于高速旋转机械，其振动问题更加突出。

对振动信号的分析既可以在频域内进行，也可以在时域内进行。主要是根据振动信号（如振幅）的变化、振动特征（如频率结构、振动响应）的变化判别故障的类别和程度。对于疑难故障，可能还需要在时域和频域内同时进行分析，并综合利用频谱分析、相关分析和动力特性分析等方法来判别故障的类型，查找故障的原因。

【例 4.3】　航空发动机振动故障诊断。

这是发生在 20 世纪 80 年代初的一个著名的故障诊断实例，诊断对象是国产某型双转子的航空燃气涡轮喷气发动机，该发动机经常出现振动过大的故障。据飞行员反映，故障发生时，其握驾驶杆的手都发麻。通过对整台发动机的试验研究和理论分析，发现发动机存在 1/2 阶副谐波振动，其幅值有时大于转子转速一阶谐波的幅值。这是一个典型的转子—支承系统自激振动的案例。通过研究发现，该发动机存在多种引起转子自激振动的结构方面的因素，目前已经进行了多方面的改进。

1）试验研究

通过试验研究，需要确定引起发动机振动过大的振源是什么（是机械力激振，还是声音引起的谐波），振动过大是否与该发动机的结构有关，以及其他同类型的发动机是否也有相同的振动特征。

（1）在试车台上按常规采集发动机的振动信号。

在慢车、88% n_2、90% n_2、93% n_2、96% n_2 及 100% n_2（n_2=11425 r/min）6 个转速的情况下，采用各种测试系统进行常规测试。测试框图如图 4-26 所示。图中，水 I 为传感器置于压气机机匣水平位置，水 II 为传感器置于涡轮外环水平位置。

（2）声振试验。

噪声会引起各构件的振动。为了确定发动机的排气、齿轮、噪声对发动机振动的影响，进行了声振试验。

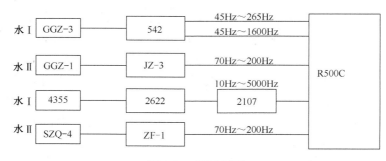

图 4-26　测试框图

（3）在试车台上按常规采集同类型发动机的振动信号。

对同类型单转子的航空燃气涡轮喷气发动机进行试验，以便确定发动机结构对发动机振动特征的影响。

（4）信号分析及试验研究的分析结果。

发动机的振动可视为平稳的、各态历经的随机振动。在模拟信号分析仪和数字信号分析仪上对发动机的振动信号进行分析后，得到如下结论。

① 由图 4-27（a）所示的自功率谱密度图可见，频谱成分丰富（70Hz～200 Hz），若其频带上限往下移，下限往上移，则对发动机振动总量的影响极大。

② 由图 4-27（b）所示的噪声和发动机振动响应间的频率响应函数图可见，发动机的振动与其噪声有关，频率成分极为丰富。

③ 由图 4-27（c）所示的功率谱密度图（故障机）可见，存在振幅较大的 1/2 阶副谐波振动。

④ 由图 4-27（d）所示的功率谱密度图（单转子）可见，同类型单转子发动机的振动信号中也存在 1/2 阶副谐波振动。

2）理论分析

由试验研究可见，振动总量较大的发动机的振动信号中往往存在 1/2 阶副谐波振动，其值比一次谐波还大，是一种非线性的自激振动。所以，引起振动过大的主振源是转子的自激振动。引起自激振动的原因主要包括篦齿密封中的气弹力、叶片间隙的周向变化、联轴器套齿内的摩擦等。

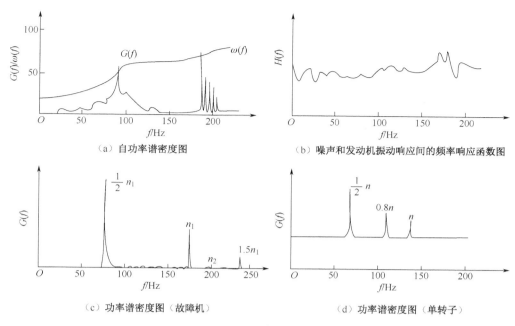

图 4-27　测试分析频谱图

思考题

1．发动机主要有哪些激振源？

2．说明均值、均方值和均方差值在振动信号分析中的物理意义。

3．航空发动机的故障诊断常采用哪几种振动分析方法？

4．从能量的观点看，振动信号频谱的物理意义是什么？

5．写出自相关函数和互相关函数的基本公式，自相关函数和互相关函数的主要性质是什么？相关分析的主要用途是什么？

6．对于各态历经过程，如何得到信号的自功率谱密度函数？

7．简述频谱分析的物理意义、计算公式和主要用途。

8．简述脉冲响应函数和频率响应函数的意义，两者之间有何联系？

9．试求正弦函数的自相关函数。

10．设平稳随机过程具有自相关函数 $\phi_{xx}(\tau) = A(b^2 - \tau^2)e^{-a\tau^2}$，式中 A 和 b 为常数，求其自功率谱密度函数和均方值。

第5章 发动机滑油系统状态监控与故障诊断

5.1 概　述

航空发动机上广泛使用轴承和齿轮等部件来支承转子转动和传递功率，这些部件在工作过程中，由于相互运动必然产生摩擦，摩擦将进一步导致部件磨损并产生大量的热量。滑油系统的作用就是带走磨损产物和热量，以维持轴承和齿轮的正常温度，并在轴承的滚道与滚子之间、相啮合的齿面之间形成连续的油膜，从而起到润滑作用；此外，滑油系统中具有一定压力的滑油，还可以作为某些液压装置（如挤压油膜轴承）和操纵机构（如作动筒）的工质。滑油系统对发动机工作可靠性的影响极大。一方面，滑油系统本身出现故障的概率比较大；另一方面，滑油系统的故障会导致较大的事故。如 RB211 发动机 1981 年曾连续发生 3 起风扇部件甩出的严重事故，其原因是风扇前轴承滑油供油不足；JT8D 发动机 4 号和 5 号轴承腔的通气管路曾发生堵塞故障，引起油腔压力过高，造成滑油因温度过高而燃烧，最终导致发动机失火。据统计，20 世纪 70 年代 JT9D 发动机提前更换的原因中，16%是滑油系统和轴承的故障。

因此，采取专门的方法并与气路分析技术、振动监控技术相配合，对滑油系统进行状态监控和故障诊断，对于保证发动机安全可靠工作是至关重要和必不可少的。这不仅能监控滑油系统本身，保证其工作正常、可靠，而且有助于对发动机其他子系统的状态监控和故障诊断。

5.1.1 滑油油样分析的目的和意义

滑油油样分析技术又称设备磨损工况监测技术。它通过人工或仪器等来判别滑油油样的成分、品质等油液信息，进而对设备的当前工作状况及未来工作状况做出判断，提供有效依据，它是对设备进行预防性维修的一门工程技术。

油样分析的基本原理：设备在运行过程中，两个相互接触并相对运动的金属表面之间必然产生摩擦，摩擦产生的金属碎片和微粒会从金属表面脱落进入滑油中，并随滑油的流动而被带走。这样，通过对滑油中磨损微粒的分析，就可以判断设备的磨损部位、磨损程度和磨损状态。

油样分析通常从油样成分分析、磨粒浓度分析和磨粒形态分析 3 个方面进行。滑油中出现的不同化学元素，来源于含有相应元素材料制成的零件，通过对滑油中所含化学元素的分析，就可以确定设备的磨损部位。一般来说，油液中的磨粒浓度与零件的磨损量存在线性关系，因此通过测量磨粒浓度，就可以判断零件的磨损程度。磨粒的大小与磨损速度有关，当零件处于磨合阶段时，磨粒较大；在正常磨损阶段时，磨粒细小而均匀，一般小于 3μm；而在达到磨损允许的极限值时，可能出现粗大颗粒，磨粒具有不规则截面。

进行滑油油样分析的目的主要包括：第一，测定滑油的品质，从而决定滑油是否可以继续使用；第二，鉴定及判别不同种类滑油的品质；第三，通过滑油中磨损产物的种类、分布、尺寸、形状等信息判断设备的运行状况，发现可能存在的问题；第四，通过对滑油分析数据的处理，预测滑油系统的潜在故障。

利用滑油油样分析来判别滑油系统乃至整个发动机的工作情况具有显著的优势。首先，不需要专门停机对发动机进行检查，因此可以保障发动机的工作效率，避免不必要的检查；其次，对滑油的工作参数或滑油的油样进行检查，不需要专门进行参数的测试，工作效率高；最后，有利于对不同发动机进行对比检查，发现发动机的潜在故障。如我国从国外先后引进了 MOA 油液光谱分析仪、DCA 油液污染度测试仪等仪器，建立了油液的监测实验室和相应的技术规范，对保证飞行安全起到了很好的作用。

5.1.2　受润滑零件磨损的规律

1. 航空发动机受润滑零件磨损的典型过程

摩擦是两个相互接触的零部件在外力作用下发生相对运动时，接触表面产生阻止这种相对运动的现象。摩擦的结果往往使其表面分子逐渐脱落，使零部件原有的尺寸、几何形状和表面质量发生变化，即为磨损。在两个接触表面之间用油、脂或其他流体来分隔接触表面以达到降低能量消耗的方法称为润滑。可见，摩擦是磨损的形成原因，磨损是摩擦的必然结果，润滑是减少摩擦的措施，三者有密切的联系。

磨损的过程一般分为三个阶段，分别是磨合阶段、稳定磨损阶段、剧烈磨损阶段。

磨损量随使用时间的变化关系如图 5-1 所示。

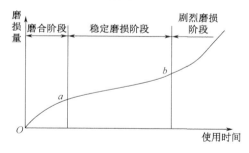

图 5-1　磨损量随使用时间的变化关系

磨合阶段又称跑合阶段，如图 5-1 中的曲线 Oa。因为摩擦副表面的粗糙度比较大，真实接触面积较小，局部应力较大，所以在开始使用阶段的磨损速度较大。随着磨合的进行，真实接触面积逐渐增大，磨损速度开始减缓。选择合理的跑合规程、采用适当的摩擦副材料及加工工艺、使用含活性添加剂的滑油等方法都能缩短跑合期，即在短时间内以最小的磨损速度达到良好的跑合要求。

稳定磨损阶段的磨损过程缓慢而稳定，如图 5-1 中的曲线 ab。经过磨合阶段，摩擦表面出现加工硬化现象，微观几何形状发生改变，建立了弹性接触的条件，磨损进入稳定状态，磨损量与时间成正比例，磨损率基本不变。

剧烈磨损阶段发生在较长时间的稳定磨损以后，如图 5-1 中 b 点以后的曲线。该阶段摩擦条件发生较大变化，如摩擦表面间的间隙增大、表面温度过高或金属组织发生变化等，此时，磨损急剧增加，机械效率下降，精度丧失，产生异常噪声及振动，摩擦副温度迅速上升，最终导致零部件失效。

2. 滑油中磨粒的浓度

利用滑油中金属屑含量信息监控零部件磨损状态的原因在于，正常磨损的机械其油液中磨粒的浓度能够达到动态平衡，而异常磨损则会使磨粒浓度超出预先制定的标准。

有关研究指出，根据物质平衡法可以建立磨粒浓度动态平衡的微分方程

$$\frac{dC_i}{dt} = \frac{P_i - K_j C_i}{V} \tag{5-1}$$

式中，C_i 为特定尺寸粒度 i 的磨粒浓度（mg/L）；P_i 为特定尺寸粒度 i 的磨损率（mg/h）；K_j 为排除率常数（L/h）；V 为油的体积（L）；t 为时间（h）。

对于一个循环系统来说，假设油液体积 V 为常数，并且绝大部分磨粒由油滤排除，因此排除率常数为

$$K_j = E_j Q \tag{5-2}$$

式中，E_j 为油滤滤出效率；Q 为流量（L/h）。根据图 5-1 可知，在正常工作的情况下，磨损率 P_i 是一个常数。

若设初始浓度为零，并从初始时间开始对式（5-1）进行积分，则结果为

$$C_i = \frac{P_i}{K_j}\left(1 - e^{\frac{-K_j \tau}{V}}\right) = \frac{P_i}{E_j Q}\left(1 - e^{\frac{-K_j Q \tau}{V}}\right) \tag{5-3}$$

该式表明磨粒浓度正比于磨损率，反比于排除率常数，并且以指数形式达到平衡浓度；还表明达到动态平衡的时间主要与油滤的滤出效率有关，与磨损率无关。

3. 滑油的监控参数

对于转子高速旋转的燃气涡轮发动机来说，滑油系统工作状态的好坏，直接影响转子系统的工作状态。所以，对滑油系统的工作状态进行监控是十分必要的。滑油系统的工作参数不仅能反映系统本身的工作状态，也能反映发动机的健康状况。

1）滑油压力

滑油压力是指滑油系统供油泵出口的压力。造成滑油压力升高的原因可能是滑油滤堵塞、滑油调压活门工作不正常或滑油喷嘴堵塞，而滑油泄漏、油管破裂、油泵故障、油面太低、调压活门故障或不正常是造成滑油压力降低的可能原因。

滑油压力由装在滑油系统高压油路中的压力传感器进行连续监测和记录，在驾驶舱主仪表板（屏）上显示，在超限时告警。

2）滑油温度

滑油温度与其他滑油系统的监控参数一样，可以反映发动机子系统的故障。探测油温的传感器有两种安装位置：一种是安装在回油管路上，另一种是安装在燃滑油散热器下游。若安装在回油管路上，则能检测轴承的严重损坏或热端密封泄漏；若安装在燃滑油散热器的下游，当散热器堵塞时会有超温指示。

3）油滤旁路指示

滑油滤堵塞会引起滑油供油不足，所以一般在发动机的滑油滤上设有旁路活门，当其因

流动压差过高而打开时，通过旁路指示器可指示这种状态。如果发动机在滑油滤旁路打开的情况下工作，接触滑油的零部件可能被循环的屑末损伤。

4）滑油消耗量

监控滑油消耗量可以得到有关滑油消耗量过高及滑油泄漏的信息，或者得到由于燃滑油散热器损坏而在滑油中出现燃油污染的信息。一般在飞行前和飞行后通过滑油箱设置的观测标尺或深度尺检查滑油消耗量。若安装了滑油量传感器，则可以在驾驶舱仪表板上显示或通过滑油量告警灯告警。

5.2　滑油理化分析

滑油对航空发动机的重要性如同血液对人体的重要性一样，滑油也具有一些性能指标，这些性能指标反映了滑油本身的性能，如滑油的黏度、水分、抗氧化安定性等，把对这些性能指标的分析称为滑油理化分析。

进行滑油理化分析的目的：一是随机监控滑油理化指标的变化情况，确定最经济有效的换油周期，减少磨损故障的发生；二是根据监控结果，对滑油的衰变特性、衰变规律和衰变机理进行分析，从而提高滑油使用的科学性和有效性。

1．黏度

黏度是指当滑油受到外力作用而产生移动时，分子间产生的运动阻力的大小。这种阻力通常以内摩擦力的形式出现。黏度大的滑油流动性较差，但形成的油膜强度大，承载能力强；黏度小的滑油流动性好，容易流到间隙小的摩擦面之间，但在载荷比较大时滑油油膜容易受到破坏，从而使摩擦表面产生直接磨损。

根据黏度的不同度量形式，可将黏度分为绝对黏度、运动黏度和相对黏度。

2．酸值

酸值是指滑油中酸性物质含量的多少，其数值是中和 1g 滑油中的酸性物质所消耗的氢氧化钾的毫克数。因此，酸值用来衡量滑油使用过程中氧化变质的程度，酸值越大，说明其有机酸含量越高，对机械造成腐蚀的可能性就越大，当滑油中的水分指标也较高时，腐蚀作用就很明显，酸值大到一定程度时就应该换油。

酸值分为强酸值和弱酸值两种。造成酸值变化的主要原因包括滑油使用错误、滑油使用时间过长、温度过高等。

3．碱值

碱值是指滑油中碱性物质含量的多少，其数值是中和 1g 滑油中的碱性物质所消耗的高氯酸的毫克数。碱值分为强碱值和弱碱值两种，通常所说的碱值是这两种碱值的平均值。

造成碱值变化的主要原因包括滑油中微生物的含量发生变化、滑油中外侵物质的构成发生变化等。

4．闪点

滑油达到一定温度，滑油蒸气和周围空气的混合气与火源接触，会发生着火的现象。在规定条件下，发生着火的最低温度称为滑油的闪点。闪点在 45℃ 以下为易燃品，如汽油的闪点为-60℃～-50℃，煤油的闪点为 40℃；闪点在 45℃ 以上为可燃品，如滑油。

测量闪点的方法有开口杯法和闭口杯法两种。同样的滑油使用不同的方法测出的闪点有差异，一般开口杯法测得的闪点比闭口杯法测得的闪点高。

5．水分

水分表示滑油中含水量的多少，用质量百分数表示。通常滑油中的水呈 3 种状态：游离水、乳化水和溶解水。

滑油中的水会破坏油膜，使润滑效果变差，加速滑油中有机酸的腐蚀作用；还会造成零件的锈蚀，导致滑油中的添加剂失效；也会使滑油的低温流动性变差，造成管路堵塞，影响滑油的循环流动。

6．机械杂质

机械杂质是指存在于滑油中不溶于汽油、乙醇等溶剂的沉积物或悬浮物，其主要成分为砂石和金属磨屑。

机械杂质主要来源于滑油在加工、存储、使用和运输过程中混入的外来物，如灰尘、沙粒、金属氧化物等。机械杂质的存在会加速设备的磨损过程，也会造成管路、喷油嘴和油滤的堵塞。

7．抗氧化安定性

滑油在正常使用过程中，在温度升高和氧气、金属等环境因素的影响下，会逐渐氧化变质。把滑油在加热和金属催化作用下抵抗变质的能力称为滑油的抗氧化安定性。

滑油的抗氧化安定性主要取决于它的化学成分，并与使用条件如温度、氧气量、接触金属类型、接触面积、氧化时间等有关。抗氧化安定性能差的滑油，在使用时容易变质，容易生成较多的酸性物质，会加速零件的腐蚀。

除上述滑油理化指标外，还有其他一些指标，如起泡性能、封闭氧化性、封闭热安定性、沉积性能、承载性能、磨损性能等。

如表 5-1 所示是滑油在使用中一些常用理化指标变化的原因。如表 5-2 所示是滑油理化指标的测试方法。

表 5-1　滑油在使用中一些常用理化指标变化的原因

分　类	上　升　因　素	下　降　因　素
黏度	高温氧化、异物污染	燃料稀释、添加剂消耗
酸值	烃类氧化、含硫燃料燃烧产物污染	高酸值添加剂消耗
闪点	轻组分蒸发	燃料稀释
金属元素	磨损碎屑、外界污染	添加剂消耗

表 5-2　滑油理化指标的测试方法

测　试　方　法	可确定的滑油理化指标
戊烷不溶性试验	不溶物含量
黏度试验	黏度
Karl Fischer 试剂试验	水分
总酸值/总碱值试验	总酸值、总碱值
相对密度试验、闪点试验	闪点
红外分析试验	抗氧化安定性、硝化深度、硫酸盐、磨损性能、燃料水平、积炭水平等

5.3 滑油铁谱分析

铁谱分析技术是 20 世纪 70 年代开始发展起来的油液监测分析技术。1970 年，美国麻省理工学院的赛弗特和美国福克斯勃洛公司的韦斯科特首先提出了铁谱分析技术的原理。1971 年，他们研制成功了世界上第一台铁谱仪和铁谱显微镜，并获得了专利。后来又陆续出现了直读式铁谱仪、在线式铁谱仪和旋转式铁谱仪。

铁谱分析技术的基本原理是利用高梯度强磁场的作用，把从滑油系统内采集的油样中的磨粒分离出来，并借助不同仪器检验分析这些磨粒的形态、大小、数量和成分，从而对机械设备的运行工况、关键零件的磨损状态进行分析判断。利用铁谱分析技术进行滑油油样分析包括滑油取样、制谱和磨粒分析 3 个过程。其中，制谱主要涉及铁谱仪、铁谱显微镜和铁谱读数器，铁谱仪是核心设备。

根据分离磨粒、检测磨粒的不同原理，铁谱仪可以分为分析式铁谱仪、直读式铁谱仪、旋转式沉淀仪、在线式铁谱仪、气动式铁谱仪和电磁式铁谱仪等。本节重点介绍目前在航空发动机滑油油样分析中应用较广的分析式铁谱仪及其分析方法。

5.3.1 分析式铁谱仪

1. 分析式铁谱仪的工作原理

分析式铁谱仪主要由制谱仪、光密度读数器及双色显微镜等成套测试系统组成，其中制谱仪又由微量泵、磁场装置和玻璃基片等组成，制谱仪的工作原理图如图 5-2 所示。

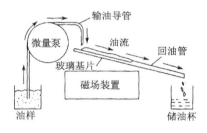

图 5-2 制谱仪的工作原理图

经稀释处理的油样由低速率的微量泵输送到安放在磁场装置上方的玻璃基片上端，玻璃基片安装时与水平面成一定倾斜角（1°～3°），于是在油液流动方向上形成一个逐步增强的高梯度磁场，同时油液能沿倾斜的玻璃基片向下流动。被分析油液约以 15m/h 的流速从玻璃基片上端经过高梯度磁场向下流动，到达玻璃基片下端经回油管排入储油杯中。被分析油样中的铁磁性金属磨粒在流经高梯度磁场时，在高梯度磁场力、液体黏滞阻力和重力的共同作用下，能按磨粒大小有序地沉积在玻璃基片上，并沿垂直于油样流动方向形成链状排列。用四氯乙烯溶液洗涤玻璃基片，清除残余油液，使磨粒固定在玻璃基片上，于是就形成了可供观察和检测的铁谱片。

玻璃基片用医用玻璃片制成，一般尺寸为 60mm×24mm×0.17mm，在它的表面制有 U 形栅栏，用于引导油液沿玻璃基片中心流向出口端。被分析油样进入玻璃基片的位置距出口端

55.5～56.5mm。由于铁谱片需要在光密度计上测量磨粒的覆盖面积百分比，从而估计出磨粒的分布密度，并在光学显微镜和扫描电镜下观察与分析磨粒的形态、大小、数量和成分，因此，对玻璃基片的纯度、均匀度及表面清洁度等都有一定的要求。如图 5-3 所示是铁谱片上磨粒尺寸分布示意图。

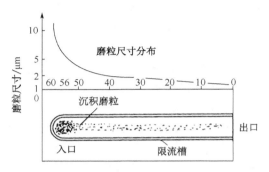

图 5-3　铁谱片上磨粒尺寸分布示意图

分析式铁谱仪的磁铁装置如图 5-4 所示，该磁铁装置采用特殊的磁材料，产生的磁场是一个高强度和高梯度的发散强磁场。两磁极间约有 1mm 的气隙，采用铝板隔开。该磁铁装置气隙中央的磁感应强度可达 1.8T/mm，在垂直方向上的磁感应强度为 0.4～0.5T/mm。

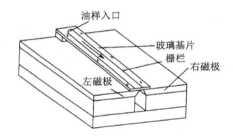

图 5-4　分析式铁谱仪的磁铁装置

2．分析式铁谱仪的特点

（1）提供的信息较丰富。不仅可以提供关于磨损的信息，而且通过对磨屑形态及成分的分析，可以提供磨损发生机理和发生部位的信息，常用于油样的精密分析。

（2）制成的铁谱片可长期保存，供以后观察分析使用。

（3）制谱过程较慢，制成一个完整的铁谱片大概需要 0.5 h，并且对制谱操作的要求较严格，一般只能在实验室中进行。

5.3.2　取样方法及油样处理

1．取样方法

由于目前铁谱分析中从油液取样、制谱、磨粒分析直至状态的判断几乎都依赖于技术人员的经验，因此，为获得准确的磨粒信息，应正确地进行油液的取样工作。

1）取样位置

摩擦副表面在摩擦过程中不断产生磨粒，进入油液的磨粒又因过滤、沉降、附着、氧化、腐蚀等原因而不断损失，所以油样应尽可能多地携带磨粒的磨损状态信息，从而使各个油样分析结果之间具有可比性，因此应对取样位置、取样条件和取样方法进行仔细研究和严格规定。一般具有代表性的取样位置包括油箱、回油管路等。

2）取样瓶

获取油样的取样瓶应为无色透明的清洁玻璃瓶，并且取样瓶的盖子材料应为不会与所取油样发生反应的聚四氟乙烯。一般取样瓶不能采用塑料瓶，因为塑料瓶与油液接触时会分解出塑料颗粒、凝胶体和腐蚀性液体。另外，取样瓶的容积应大于 15mL，以保证所取的油样量充足，并且取样时的油样量不应超过取样瓶容积的 3/4。

3）取样间隔时间

取样间隔时间应根据摩擦副特性、使用情况及监控要求而定。经验表明，针对不同的设备、不同的运行时期和不同的磨损状态取样间隔时间均不同。所以，应根据具体要求和规定确定取样间隔时间，如规定每次飞行后进行滑油取样，或者每飞行 5h 取样一次等。

2．油样处理

油样在油样瓶中存放时，油样中的磨粒会在重力作用下沉积，所以在进行分析之前，应进行相应的处理。主要的处理方法有两个：一是将油样加热和摇匀，使磨粒重新悬浮在油样中；二是利用化学溶剂（一般是四氟乙烯）对油样进行稀释，使油样具有合适的黏度和一定的流动性。

只有经过处理的油样才能使用分析式铁谱仪或直读式铁谱仪进行分析。

5.3.3　铁谱片分析

1．磨损状态定性分析

不同的磨损机理，会产生尺寸分布不同、几何形态各异的磨粒。因此，磨粒的尺寸分布和几何形态可以用来识别摩擦表面的磨损类型和磨损程度。表征磨粒几何形态的形状因子和磨粒的尺寸分布，可以通过对铁谱片进行图像分析获得。

铁谱显微镜是分析式铁谱仪的专用分析仪器。它装有反射光和透射光两个独立的光源，两个光源可以单独使用或同时使用。同时使用时，若反射光配以红色滤光片，透射光配以绿色滤光片，则会形成所谓的双色显微镜。

铁谱显微镜的光路原理图如图 5-5 所示，它由双色显微镜和铁谱片读数器组成。在两个光源双色混合照明的情况下，从光源 L_1 来的光经红色滤光片 F_1 到达反射镜 M_1，并反射照明铁谱片 S；从光源 L_2 来的光经绿色滤光片 F_2 到达反射镜 M_2，并透射照明铁谱片 S。由于金属具有吸收和反射光波的自由电子，因此铁谱片上如果沉积有金属磨粒，将会阻挡绿光而反射红光，故呈现红色。而氧化物和其他化合物微粒，由于是透明或半透明的，便透射绿光而呈现绿色。如果化合物的厚度达几微米或更厚一些，就会吸收部分绿光并反射红光而呈现黄色或粉红色。这样，通过双色混合照明观察铁谱片上的颜色，便可以初步确定磨粒的类型和来源。

此外，在铁谱显微镜的光路上还设有偏振光装置，反射光和透射光均可以采用偏振光照明。这样，通过白色反射光、白色透射光、双色混合照明及偏振光照明等方法，可以确定磨粒的几何形态、颜色特征、磨粒浓度、磨粒大小和尺寸分布等。

从铁谱片读数器上可以分别测出大磨粒（尺寸大于 5μm）和小磨粒（尺寸为 1～2μm）的覆盖面积的百分比 A_L 和 A_S（对分析式铁谱仪而言），由此得出油样磨粒的分布。总而言之，分析式铁谱仪可以给出铁谱片上所选定位置的磨粒覆盖面积的百分比。一般选择磨损烈度指

数 I_s 作为机械磨损状态的监测指标。

$$I_s = (A_L + A_S)(A_L - A_S) = A_L^2 - A_S^2 \qquad (5\text{-}4)$$

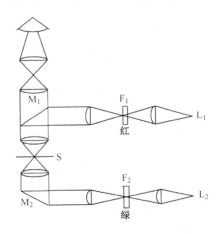

图 5-5　铁谱显微镜的光路原理图

铁谱片的图像分析是在图像分析仪上完成的。图像分析仪利用光学显微镜从铁谱片上采集磨粒图像，并通过显微镜顶部的摄像扫描器与视频模数转换单元，将图像的数字信号送入微处理机，利用软件程序对磨粒的面积、周长、垂直截距或水平截距及基准尺寸宽度内的磨粒数量等参数进行分析；也可以将这些参数输入磁盘，利用专门编制的软件程序在其他计算机上计算出各种磨损参数，并利用图形直接显示结果。

在图像分析中，需要区别正常磨损磨粒、严重磨损磨粒、剥块状磨粒和层状磨粒等各类磨粒时，一般根据粒度和形状因子来进行定性的判断。表 5-3 列出了各类磨粒间的主要差别，表中的形状因子是磨粒的长轴尺寸与最小方向尺寸之比，即长度与厚度之比。长度可以用显微目镜测微尺测定，厚度可以根据聚焦在磨粒顶面和铁谱片表面时工作台移动的距离来确定。

表 5-3　各类磨粒间的主要差别

磨 粒 种 类	粒度（长轴方向）/μm	形状因子（长度：厚度）
正常磨损磨粒	长轴尺寸<15	10：1
	长轴尺寸<5	不考虑形状因子
严重磨损磨粒	长轴尺寸>15	>5：1，但<30：1
剥块状磨粒	长轴尺寸>5	<5：1
层状磨粒	长轴尺寸>15	>30：1

2. 磨损状态定量分析

反映摩擦表面磨损状态的两个定量信息是油液中磨粒的浓度和尺寸分布。磨粒浓度是指油样中大磨粒及小磨粒数量之和与油样量（单位为 mL）之比，用铁谱片上磨粒的覆盖面积来表示；磨粒尺寸分布是指油样中大磨粒与小磨粒数量之差或大磨粒与小磨粒数量的差值与和值之比，磨粒覆盖面积值的变化即给出了磨粒的尺寸分布。

根据摩擦学可知，所有非正常磨损的出现，均会导致磨粒浓度的增加，即磨损速度的加快；而大部分失效磨损会迅速地改变磨粒的尺寸分布，使大粒度的比例急剧增加，表现出严重磨损。

如图 5-6 所示为机件磨损的发展过程。

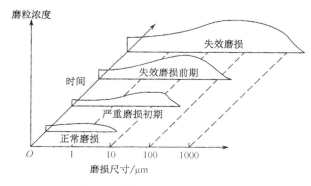

图 5-6　机件磨损的发展过程

直读式铁谱仪测取的定量参数是光密度值 D_i，即

$$D_i = \lg \frac{I_O}{I_P} \tag{5-5}$$

式中，I_O 为穿过透明玻璃基片的一束光线的亮度；I_P 为穿过有磨粒沉淀层的同一束光线的亮度。

分析式铁谱仪的定量参数是覆盖面积百分比 A_i，即

$$A_i = \frac{A_P}{A_O} = 1 - 10^{D_i} \tag{5-6}$$

式中，A_P 为光密度计测量孔的孔径面积；A_O 为沉积在铁谱片上的不透明磨粒对光密度计测量孔的覆盖面积。

3. 铁谱片磨粒分析

滑油中磨粒的主要来源有两个：一是摩擦副零件的金属及其氧化物，包括黑色金属（钢和铁）磨粒、有色金属磨粒、铁的氧化物磨粒等；二是滑油和外界的颗粒，包括腐蚀磨粒和摩擦聚合物磨粒、污染物颗粒等。滑油中磨粒的基本类型见表 5-4。

表 5-4　滑油中磨粒的基本类型

磨粒类型	黑色金属磨粒	有色金属磨粒	铁的氧化物磨粒	腐蚀磨粒和摩擦聚合物磨粒	污染物颗粒
基本种类	①正常滑动磨损磨粒 ②切削磨损磨粒 ③滚动疲劳磨损磨粒 ④滚动和滑动复合磨损磨粒 ⑤严重滑动磨损磨粒	①有色金属磨粒 ②铜合金磨粒 ③铅/锡合金磨粒	①红色氧化物磨粒 ②黑色氧化物磨粒 ③褐色金属氧化物磨粒	①腐蚀磨损磨粒 ②摩擦聚合物磨粒 ③二硫化钼磨粒	①尘埃 ②金属粉尘 ③石棉纤维 ④煤屑 ⑤过滤器材料 ⑥密封碎屑

完整的铁谱片磨粒分析包括磨粒形态分析、磨粒尺寸分析、磨粒量分析和磨粒材质分析。其中，磨粒量分析和磨粒尺寸分析可由铁谱定量分析获得；磨粒形态分析包括基本形状分析、表面形态分析和磨粒颜色分析，磨粒形状与磨损类型相关，表面形态反映了磨损过程的情况；磨粒材质分析是确定磨粒类型的最有效手段。

1）黑色金属磨粒

对于钢铁这样的黑色金属磨粒，根据磨粒的形态、尺寸和产生方式，在铁谱分析中可分为 5 个类型，即正常滑动磨损磨粒、切削磨损磨粒、滚动疲劳磨损磨粒、滚动和滑动复合磨损磨粒和严重滑动磨损磨粒。

（1）正常滑动磨损磨粒。

正常滑动磨损磨粒是指正常运转的设备，在金属摩擦面处于润滑状态下正常滑动磨损时产生的一种磨粒。它是由机器金属摩擦副表面切混层局部剥离产生的。这种磨粒一般呈鳞片状，有着光滑的表面，典型磨粒的尺寸为 $0.5\mu m \sim 15\mu m$ 或更小，磨粒厚度为 $0.15\mu m \sim 1\mu m$，较大尺寸的磨粒长度与厚度之比约为 $10:1$，$0.5\mu m$ 磨粒的长度与厚度之比约为 $3:1$。如图 5-7 所示为某柴油发动机产生的正常滑动磨损磨粒。

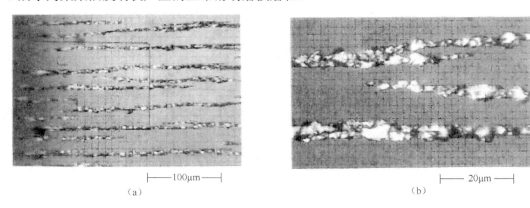

（a）　　　　　　　　　　　　　　　　　（b）

图 5-7　某柴油发动机产生的正常滑动磨损磨粒

（2）切削磨损磨粒。

切削磨损磨粒是由摩擦副中存在的硬质微凸体或外部进入的硬质颗粒和磨料与滑动表面切削而产生的，其形状类似车床加工零件时产生的切屑，一般呈曲线状、螺旋线状、环状和条状等。如图 5-8 所示为发动机严重切削磨损磨粒。

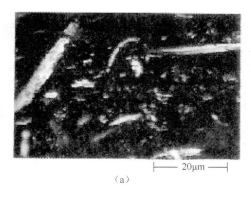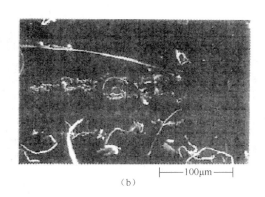

（a）　　　　　　　　　　　　　　　　　（b）

图 5-8　发动机严重切削磨损磨粒

（3）滚动疲劳磨损磨粒。

滚动疲劳磨损磨粒是指滚动轴承疲劳磨损时产生的磨粒。研究发现，滚动轴承疲劳时会产生 3 种性质的磨粒：疲劳剥落磨粒、球形磨粒和层状磨粒。

疲劳剥落磨粒是在零件表面点蚀时，由剥落的材料形成的，一般呈平片状，其长度与厚度之比约为 10∶1，具有光滑的表面和不规则的周边；球形磨粒是在滚动轴承疲劳裂纹内产生的，可作为即将发生故障的一种信号，尺寸一般不超过 3μm；层状磨粒是一种厚度极小的游离金属磨粒，其最大尺寸为 50μm，长度与厚度之比为 30∶1，是磨粒黏附在滚动零件表面后碾压而成的，并且磨粒上常常会出现一些空洞。如图 5-9 所示为滚动轴承疲劳剥落磨粒。

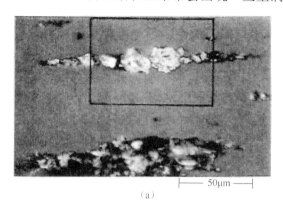
（a）　　　　　　　　
（b）

图 5-9　滚动轴承疲劳剥落磨粒

（4）滚动和滑动复合磨损磨粒。

这种磨粒主要由齿轮在擦伤或磨损的状态下产生。一般具有光滑的表面和不规则的外形，长度与厚度之比为 4∶1～10∶1。

（5）严重滑动磨损磨粒。

严重滑动磨损磨粒产生于因载荷速度过高而使磨损表面应力变得过大，从而出现严重滑动磨损状态的那些滑动摩擦表面。尺寸一般在 20μm 以上，通常具有直的边棱，长度与厚度之比约为 10∶1。

2）有色金属磨粒

许多摩擦副除采用钢铁材料外，还采用铜、铝和巴氏合金等有色金属。绝大多数有色金属及合金磨粒是非磁性颗粒。其主要特征是磨粒排列不规则，沉积下来的磨粒在不同位置的尺寸分布一样，磨粒具有特殊的金属光泽。

3）铁的氧化物磨粒

铁的氧化物磨粒包括红色氧化物磨粒、黑色氧化物磨粒和褐色金属氧化物磨粒。

（1）红色氧化物磨粒又可分为两类，一类是多晶体，在反射光下呈橘黄色，在偏振光下呈鲜橘红色，磨粒多为椭球形或圆条形，主要沉积在铁谱片入口处；另一类是红色氧化铁磨粒，主要产生于湿滑的环境条件下，形态为扁平状，在白色反射光下呈灰色，在透射光下呈暗淡的红褐色，对光的反射能力很强。

（2）黑色氧化物磨粒产生于严重湿滑的环境条件下，表面呈粒状，并带有蓝色和橘红色的小斑点。

（3）褐色金属氧化物磨粒是指局部被氧化的铁质磨粒，主要产生于摩擦副表面润滑不良或高热效应与氧化反应共同作用的情况下，磨粒呈褐色。

如图 5-10 所示为铁的氧化物磨粒。

4）腐蚀磨粒和摩擦聚合物磨粒

腐蚀磨粒是由于润滑剂中含有腐蚀性介质，致使摩擦副表面发生腐蚀磨损而产生的微粒，一般尺寸极小（在亚微米级），并且呈弱磁性，在铁谱片上主要沉积在铁谱片的入口处和出口处，必须用高倍光学显微镜才能观察到。

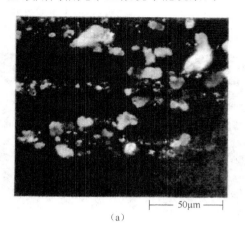

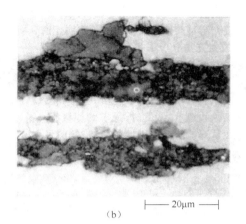

图 5-10　铁的氧化物磨粒

摩擦聚合物磨粒的特征是金属磨粒嵌在非晶体中，它是摩擦副在高应力状态下与滑油分子聚合作用的结果，一般呈透明状，形似"滚针"或"篮球"。在双色混合光源下，摩擦聚合物磨粒呈绿色，而嵌在基体内的金属磨粒呈红色。

5）污染物颗粒

进入滑油的污染物颗粒包括尘埃、煤屑、石棉屑、金属粉尘、过滤器材料和密封碎屑等，一般视摩擦副的具体情况及设备的使用环境进行分析。

5.4　滑油光谱分析

滑油光谱分析法是利用滑油中各种元素的原子发射光谱或吸收光谱的不同，来分析滑油中磨粒的化学成分和含量，并以此判断机件磨损的部位和严重程度的。光谱分析法比较适合于分析油液中的有色金属磨损产物。根据光谱分析仪工作原理的不同，可分成原子发射光谱分析法、原子吸收光谱分析法、X 射线荧光光谱分析法及红外光谱分析法等。下面介绍使用较多的原子发射光谱分析法。

5.4.1　原子发射光谱分析法

根据原子物理学理论，物质的原子是由原子核和在一定轨道上绕核旋转的核外电子组成的。当外来能量加到原子上时（如用高压电弧激发），核外电子将吸收能量并发生能级跃迁（从低能级轨道跃迁到高能级轨道上）。此时，原子的能量状态是不稳定的，电子总会自动地从高能级跃迁回原始能级，同时发射光子把它所吸收的能量辐射出去，所辐射的能量与光子的频率成正比，即

$$E=h\gamma \tag{5-7}$$

式中，h 为普朗克常数；γ 为光电子频率。

如表 5-5 所示为部分金属元素的特征波长。由于不同元素原子核外电子轨道所具有的能

级不同，因此受激发后放出的光辐射都具有与该元素相对应的特征波长。原子发射光谱仪利用该原理，采用各种激发源使被分析物质的原子处于激发态（一般是以 15000V 高压产生的电火花直接激发油液中的金属元素），使之发射出供光谱分析的特征光，此特征光经光栅或棱镜分光系统进行分光后，便形成了所含元素各自的特征光谱（受激发后的辐射线是按频率分开的），并按波长顺序在聚焦处排列，通过各自的光电探测器在聚焦处对其特征光谱能量进行接收和放大后送入数据处理系统进行处理并输出分析结果。总而言之，原子发射光谱分析法接收的是磨粒元素原子激发态的发射光谱，根据不同波长上的谱线就能知道含有什么元素，根据谱线的强弱就能判断出每种元素的含量。

表 5-5　部分金属元素的特征波长

元 素 名 称	Cu	Fe	Cr	Ni	Pb	Sn	Na	Al	Si	Mg	Ag
特征波长/nm	3247	3270	3579	3415	2833	2354	5890	3092	2516	2852	3281

如图 5-11 所示为原子发射光谱分析法示意图。被分析的油样在激发室的分析间隙中（石墨棒及石墨圆盘电极之间），受到激发时，油样发射的光由光导纤维引至入射狭缝，从入射狭缝出来的光变为狭窄的带状；光线到达光栅后被分为各种不同波长的谱线，在聚焦曲面上的出射狭缝处被分为对应各元素的谱线，通过偏转板的定期往返转动可以动态扣除光谱背景。

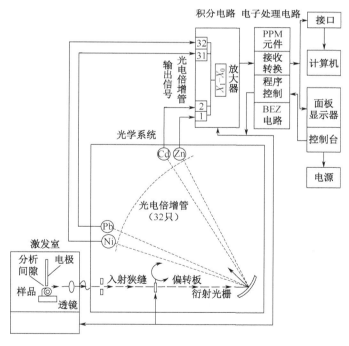

图 5-11　原子发射光谱分析法示意图

每个狭缝后面均设有一个光电倍增管，以便将光能变为电能（电流）；在每次燃烧中将这一电流按准确的时间间隔积分（求和），就形成了与光电倍增管接收的光量成正比的电压；通过读出电路将此电压转换成数值，再将所测的结果与计算机中存储的校正曲线数据进行对比，便可以算出元素的浓度；最后，将整个分析结果在计算机屏幕上显示或用打印机打印出来即可。

原子发射光谱分析法具有以下优点：

（1）灵敏度高，可达 10^{-6} 级。

（2）分析速度快，分析一个油样只需要不到 1min 的时间。

（3）选择性好，每种元素都有特征波长，检测干扰小。

（4）油样用量少，一般只需要 2～3 mL。

（5）分析元素多，目前分析元素可达 70 种，涵盖常见的金属元素和非金属元素。

原子发射光谱分析法同时具有以下缺点：

（1）进行含量较高的元素分析时误差较大。

（2）对某些非金属，如硫、卤等元素的检测灵敏度很低。

（3）对直径小于 10 μm 的金属比较适用，超过此尺寸，检测精度将降低。

（4）每次分析前都要进行标准化。

5.4.2　滑油光谱专家系统

滑油光谱专家系统的作用是根据滑油光谱数据准确地确定发动机磨损的故障类型、原因、部位，然后采取相应措施来提高故障诊断的准确率和工作效率。

专家系统由知识库、数据库、推理机、解释系统和知识获取系统组成。知识库的作用是根据需要监控元素（如 Fe、Al、Cu、Cr、Zn、Cd、Si、Ag、Pb、Ti、Sn、Mg）可能出现的情况、可能来源（如铁元素浓度值异常、浓度增长率正常、非铁合金等）、发动机故障现象（如发动机振动大、有杂音）等，将有关专家知识提炼、整理，建立规范化的知识，得出故障的可能情况、故障可能发生的部位、建议措施等结论；推理机的作用是模拟专家的分析判断能力，利用一定的规则对滑油光谱数据进行判断，找出发动机故障部位，并给出相应的置信度，它的优点在于判断的自动化，并且可以通过自我学习来扩大知识库，从而提高判断的准确性。

目前得到广泛应用的航空发动机滑油光谱专家系统运用了基于基本规则的专家系统开发策略，具有强大的数据管理、趋势分析和预测功能。此外，其在诊断过程中融合了光谱分析、磨粒分析和发动机参数检查等多种诊断技术，也可以对滑油光谱监测数据和自动磨粒监测数据进行单项诊断和管理。

滑油光谱专家系统用 Microsoft Visual C++ 6.0 开发，专家系统知识库和动态数据库采用 Microsoft Access 2000 数据库，具有界面友好、操作简单、使用方便等优点。

系统主要由以下 7 个部分组成。

（1）数据文件的管理。可以对数据库文件进行备份和恢复，也可以对筛选的数据文件（光谱数据和磨粒数据）进行导入和导出，以便飞机转场时对油样监控数据进行连续管理。

（2）数据注册。导入原始油样分析数据，计算出修正的光谱元素浓度及当前时刻元素浓度的增长率，并存入原始油样的动态数据库中。

（3）专家诊断。构建基于知识规则的专家系统，诊断并生成相应的诊断报告。既可以对光谱分析、磨粒分析和发动机参数检查等多种监控信息实施综合诊断，也可以进行单项诊断。

（4）趋势分析。对光谱分析、磨粒分析和滑油消耗率数据分别进行趋势分析和预测。

（5）统计分析。对光谱分析和磨粒分析的数据及专家诊断结论进行查询和统计。

（6）用户设置。设置用户名称、单位、登录名和密码。

（7）帮助。提供相关帮助内容和软件开发信息。

5.4.3　滑油光谱分析元素限制值的确定

利用滑油光谱分析法进行元素含量及浓度的测定时，一个重要问题是确定各元素的限制值。通过各元素的限制值，就可以判断实测的各元素含量和浓度是否在规定的范围内，进而对发动机的工作状况做出科学的评价。

一般根据正常工作发动机的滑油光谱分析所得到的各元素的统计值来制定监控标准，包括元素的正常值、异常值和危险值。其步骤如下（针对某一元素）。

（1）按规定在各正常工作的发动机上进行滑油取样，并进行光谱分析，得到一组含量测量值 $x_1, x_2, \cdots, x_N$。

（2）分别计算该组测量值的平均值和标准差。

$$\mu_0 = (x_1 + x_2 + \cdots + x_N) / N \tag{5-8}$$

$$\sigma_0 = \sqrt{\sum_{i=1}^{N} \frac{(x_i - \mu_0)^2}{N-1}} \tag{5-9}$$

（3）计算判定标准。用式（5-10）计算判定标准

$$x_e = \mu_0 + 3\sigma_0 \tag{5-10}$$

式中，以 μ_0 作为元素含量的正常值。

式（5-10）计算得到的 x_e 即元素的告警值，从该值可推出危险值。危险值表示元素含量已经超出允许范围，此时发动机应立即停止使用并进行检查。

危险值 x_d 一般根据式（5-11）确定

$$x_d = 3\mu_0 + 9\sigma_0 \tag{5-11}$$

5.5　滑油屑末分析

5.5.1　油滤、磁塞和金属屑探测器

1．油滤和磁塞

油滤和磁塞最早应用于对航空发动机润滑系统的长期监控中。

一般在发动机滑油系统内装油滤，其滤网网孔尺寸为 70～75μm。由于油滤不能阻挡尺寸小于其滤网网孔的零件机械磨损产物，因此在滑油系统内安装磁塞。将磁塞安装在滑油系统的管道中，收集悬浮在滑油中的磁性屑末（数量与其在滑油中的浓度成正比），用肉眼、低倍放大镜或显微镜直接观察残渣的大小、数量和形状等特征，从而判断零件的磨损状态。该方法适用于屑末颗粒尺寸大于 50 μm 的情形。

如图 5-12 所示为某发动机上带活门的磁塞结构，它由活门壳体、磁塞、活门、弹簧等组成，用于检查外置机匣的磨损情况，安装在飞机附件机匣上部。当拧出磁塞时，活门断开回油路；当拧入磁塞时，回油路导通。如图 5-13 所示为磁塞探测到的磨损屑末。

2．金属屑探测器

滑油中磨损屑末的收集也可以通过装在滑油系统中的金属屑探测器（也称磁性屑末检测器）完成。金属屑探测器及其安装位置如图 5-14 所示，它由主体和探头组成。主体永久地安

装在滑油系统中，在主体中有一个封油阀，当需要观察探测结果时，能方便地取下探头而不会使系统中的油液流失。探头实际上是一个磁铁芯，通过适当地调整探头，可以使磁铁芯暴露在循环着的滑油中，以便尽可能地收集磨损屑末。

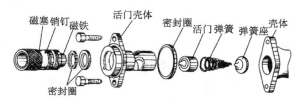

图 5-12　某发动机上带活门的磁塞结构

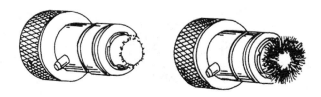

图 5-13　磁塞探测到的磨损屑末

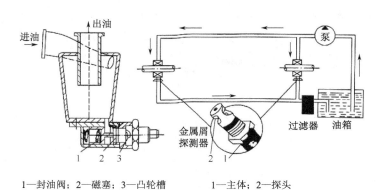

1—封油阀；2—磁塞；3—凸轮槽　　　　1—主体；2—探头

（a）金属屑探测器　　　　（b）金属屑探测器安装位置

图 5-14　金属屑探测器及其安装位置

金属屑探测器的工作原理：当具有一定油压的滑油携带着磨损屑末由切向进油口进入探测器上部的回旋式储油器时，由于储油器呈倒圆锥形，因此能使滑油与其中的残渣分离，被分离的残渣在储油器底部沉淀，并通过底部的小孔进入探测器内，随即附着在探头的端面上。当探头上附着的残渣达到一定数量时，由于磁通量的改变而使控制电路动作，依靠探头上凸轮槽的作用，使探头从探测器主体上旋出并报警。此时，探测器内的封油阀在弹簧的作用下将储油器底部的小孔封闭，以免滑油从储油器中泄漏。

采用具有报警功能的金属屑探测器，是确定发动机和直升机传动机构的轴承、齿轮及其他零件故障初期的最有效手段。表 5-6 列出了 UH-1 和 AH-1G 直升机在两年内使用金属屑探测器的有效数据。

表 5-6　UH-1 和 AH-1G 直升机在两年内使用金属屑探测器的有效数据

情况	数量	百分比/%	情况	数量	百分比/%
按照探测器指示决定的部件更换：			探测器假动作的原因：		
有根据的更换	75	88	正常磨损屑末的收集	305	58
无根据的更换	9	12	电导线有故障	130	25
传动机构部件的更换：			润滑系统有水分	21	4
有根据的更换	40	97.5	滑油被金属屑末弄脏	32	6
无根据的更换	1	2.5	未定原因	37	7

在发动机的使用过程中，滑油中含有允许存在的零件磨损铁磁屑末，可形成黏度不高的膏状物，这对发动机的工作一般不会产生有害影响。这些屑末的尺寸实际上是固定不变的，为 0.25μm。本来只需要探测器对较粗大的屑末报警，但是许多正常屑末的堆积也会使探测器报警，为了防止这种情况，有些磁塞内带有放电器，这种放电器能破坏小的屑末堆，但不会破坏粗大屑末，而粗大屑末正是零件故障初期的特征。放电器可在探测器每次工作时自动通电，或者由机组人员给其通电。美国休斯飞机公司的 AH-64 和西科斯基飞行器公司的 S-76 直升机上都使用了这种带放电器的金属屑探测器，它能够显著地提高润滑零件故障初期信号的可信度。

5.5.2　各种方法的综合使用

前面主要介绍了滑油铁谱分析法、滑油光谱分析法和磁塞检查法 3 种滑油油样分析方法，如图 5-15 所示为 3 种滑油油样分析方法的检测效率和磨粒尺寸的关系。由图可见，这 3 种方法在检测效率上是相互补充的。滑油光谱分析法检测磨粒的有效尺寸范围为 0.1～10 μm，磁塞检查法检测磨粒的有效尺寸范围为 100～1000 μm；滑油铁谱分析法检测磨粒的有效尺寸范围为 10～100μm。在利用滑油油样分析法预测发动机故障时，需要这 3 种方法相互配合。滑油光谱分析法往往需要复杂设备和专业人员。与之相比，磁塞检查法和滑油铁谱分析法更加简便、实用、经济和有效。

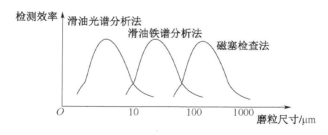

图 5-15　3 种滑油油样分析方法的检测效率和磨粒尺寸的关系

5.6　滑油油样分析应用实例

发动机滑油系统的状态监控及故障诊断对保证发动机的安全工作具有极其重要的作用。一般包括对滑油压力、温度和滤压的监控，以及磁性屑末检测、滑油光谱分析。在此仅介绍磁性屑末检测与滑油光谱分析这两种主要监控手段在斯贝 MK202 发动机上的应用情况。

5.6.1　磁性屑末检测在斯贝 MK202 发动机上的应用实例

斯贝 MK202 发动机有 3 个独立的滑油系统，即发动机滑油系统、加力喷口滑油系统和恒速传动装置滑油系统。发动机滑油回油系统中的高速齿轮箱和辅助齿轮箱底部、内齿轮箱的回油管路和到油箱的联合回油管路上装有磁性屑末检测器。此外，在恒速传动装置的底部也装有磁性屑末检测器。

斯贝 MK202 发动机上的磁性屑末检测器能吸住直径为 0.13～1.3 mm 的铁磁性颗粒；滑油流速为 4.57～5.18 m/s 时，可以吸住 20% 的颗粒；当滑油流速为 7.92 m/s 时，可以吸住 10% 的颗粒。

一般情况下，每隔 50h 拆下斯贝 MK202 发动机上的磁性屑末检测器检查一次。首先，将磁性屑末检测器放在适当的容器内，并在容器上注明发动机号、使用时间及磁性屑末检测器在发动机上的位置；其次，对容器中的磁性屑末检测器及碎屑进行彻底清洗，留下白色的颗粒并去掉碎屑中的滑油及非磁性颗粒；最后，将碎屑放置在碎屑测量仪的磁性粘板上进行测量、读数、记录（对本阶段中剩余的碎屑，必要时可以进行化学分析以确定其成分）。

以下是斯贝 MK202 发动机磁性屑末检测实例。

【例 5.1】　发动机的使用时间为 247.55 h 时出现恒速传动装置轴承故障。

如图 5-16 所示为斯贝 MK202 发动机的磨损碎屑聚集量及磨损速率图示。

在发动机的使用初期，约 50 h 取样一次，磨损速率和碎屑聚集量低且恒定。在 197～239 h 时，碎屑聚集量突增。因此，将下一次取样的时间间隔缩短为 10 h，磨损速率的增长仍很明显。因为磁性棒上积存了大量碎屑，根据经验判断是轴承故障；拆卸恒速传动装置检查，证实的确是轴承损坏。系统的工作历程表明，当恒速传动装置中的轴承发生故障时，碎屑聚集量不断增加的过程即为轴承初始失效到轴承完全损坏的过程，经历的时间可能很短。因此，应及时分解恒速传动装置，避免因恒速传动装置中的轴承损坏而引发更严重的故障。

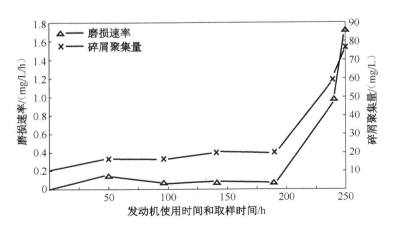

图 5-16　斯贝 MK202 发动机的磨损碎屑聚集量及磨损速率图示

【例 5.2】　发动机工作 432 h 后因恒速传动装置中的轴承损坏而中断工作。

表 5-7 和图 5-17 分别为磁性屑末分析记录表和碎屑聚集量及磨损速率图。

表 5-7　磁性屑末分析记录表

检查时间间隔	累积时间	碎屑聚集量	累积碎屑聚集量	磨损速率
—	—	0.2	0.2	—
45：40	45：40	6.5	6.7	0.14
46：55	92：35	2.9	9.6	0.06
46：45	139：20	0.4	10.0	0.02
12：00	151：20	0.2	10.2	0.01
44：15	195：35	5.4	15.6	0.12
44：45	240：20	0.1	15.7	0.002
52：00	292：20	0.9	16.6	0.02
48：20	340：40	0.8	17.4	0.02
91：15	431：15	13.2	30.6	0.14

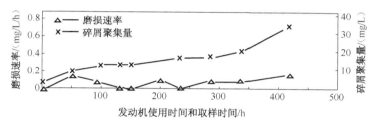

图 5-17　碎屑聚集量及磨损速率图

这是恒速传动装置在工作中发生故障的情况。在分析过程中，发现碎屑聚集量有了明显的变化，轴承发生打滑，并在 432 h 时发生故障。其原因是轴承损坏，部件卡住引起局部过热。

在故障发生前还进行了最后一次取样。从表 6-8 中可见，最后取样的时间间隔太长，中间漏取一次，时间间隔几乎是正常取样间隔的 2 倍，以致未能及时发现故障信息。如果最后一次取样间隔为正常时间间隔，并且在发现碎屑聚集量增长、磨损速率增大时将检查时间间隔适当缩短（如为 10 h），就有可能使轴承在故障发生前停止工作。可见，及时准确地分析碎屑并做出正确判断对预防故障发生是十分重要的。

5.6.2　滑油光谱分析在斯贝 MK202 发动机上的应用实例

发动机在稳态工作时，轴承和齿轮不断磨损，虽然磁性屑末检测器吸附了滑油中的较大颗粒，但磨损产生的一些细小磨粒（尺寸小于 10μm，人的裸眼可见度为 40μm）仍游离在滑油中。当轴承和齿轮发生疲劳磨损时，滑油中磨粒的增长速度会发生显著变化，这意味着发动机将要发生故障。斯贝 MK202 发动机恒速传动装置磨损碎屑量变化如图 5-18 所示。

根据使用斯贝 MK202 发动机的经验，从发动机上采集油样进行光谱分析的取样时间间隔约为 24h。取样时，应将油样放入干净的玻璃瓶中，并在瓶上标明发动机型号、取样日期、样品序号、滑油型号、发动机运行时间或完成的循环数及上次取样后加入发动机的滑油量。滑油光谱分析所用的仪器为原子吸收光谱分析仪。进行分析时必须用甲基异丁酮将油样稀释。因为外部杂质进入油样会影响分析结果，所以滑油取样时一定要严防杂质混入，并且应在发动机的同一位置上以相同的方式取样，以确保油样真正代表发动机内滑油的状态。

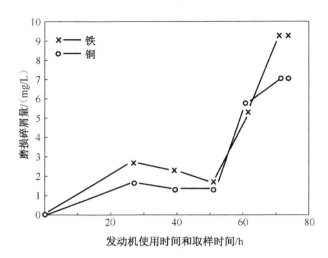

图 5-18　斯贝 MK202 发动机恒速传动装置磨损碎屑量变化

因为铜和铁是齿轮和轴承壳体的基本组成元素，所以需要测定斯贝 MK202 发动机滑油油样中铜和铁的含量。

在进行滑油光谱分析前要制取金属标样。先将要分析的金属固体研成粉末加入甲基异丁酮中得到金属混合液，取不同量的金属粉末可配制出不同浓度的混合液（如浓度为 1 mg/L、2 mg/L、5 mg/L 等）；再将未经使用的纯净滑油与混合液按 1∶1 混合配制，得到含有某种金属的浓度已知的滑油标样；最后对其进行光谱分析，并与发动机上采集到的油样的分析结果进行对比。

如表 5-8 所示为滑油光谱分析法的检测结果。可以看到，在 59 h 时铁和铜的碎屑聚集量急剧增加，表明可能是轴承发生了磨损。经检查发现该发动机出现了早期故障，齿轮箱传动轴的轴承损坏。

表 5-8　滑油光谱分析法的检测结果

运行时间/h	铁含量/$\times 10^{-6}$	铜含量/$\times 10^{-6}$
0∶00	0	0
27∶00	2.5	1.5
38∶00	2.1	1.3
51∶00	1.7	1.2
59∶00	5.2	5.4
73∶00	9.4	6.8
74∶00	9.4	6.8

滑油光谱分析法是磁性屑末检测法的补充，它初步建立了发动机磨损特性曲线，能有效地监控和预测发动机滑油系统的潜在故障。如果碎屑聚集量稳定增加，通常表明滑油系统工作正常；如果滑油量增加的速度一直在改变，就需要增加取样次数，而且在采取任何措施前，要先对磁性屑末检测器和主油滤进行检查。发动机稳定运行后，磨损速度细小的波动很可能是取样时样品中混入污染物或油箱中加入新油引起的。发动机只要某处发生不正常摩擦，就

可观察到滑油量的某种增长趋势。滑油量急剧增加很可能意味着部件即将发生故障。发动机振动等级升高伴随着滑油量的增加是发动机即将发生故障的另一迹象。

5.6.3　铁谱分析技术的应用

飞机对发动机可靠性和安全性的要求极高，因此各国都在积极采用各种先进的设备对其进行工况监控。目前，铁谱分析技术已经成功地应用于发动机运行状态检测。

如图 5-19 所示是采用直读式铁谱仪检测军用飞机发动机磨损状态及工作状况的实例。No.21 发动机在飞行 1400 小时后烈度指数 I_s 开始出现异常，此后出现多次反复；No.72 发动机的烈度指数一直没有较大的变化。这说明 No.21 发动机滑油系统的工作出现异常，需要给予特殊的关注。

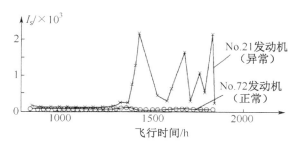

图 5-19　采用直读式铁谱仪检测军用飞机发动机磨损状态及工作状况的实例

5.6.4　三种技术的比较

研究认为，磨损件在其运行期内一般均会经过磨合、正常磨损、严重磨损和最终失效 4 个基本磨损阶段。在该过程中，磨损率（或磨损尺寸分布）与运行时间的关系曲线为"浴盆"状曲线。在磨合阶段，滑油中出现许多大磨粒，这些可能是制造过程中残留下来的，或者是啮合表面接触的产物。由于过滤和磨粒破损的联合作用，使得磨粒的平均尺寸减小，这种状况一直延续到正常磨损阶段开始。在正常磨损阶段，磨粒尺寸相对稳定，磨粒尺寸为 $0\sim10\mu m$。在严重磨损阶段乃至最终失效时，通常有较大磨粒（$25\mu m$ 或上百微米）出现。显然，有效地检测几微米到上百微米磨粒的数量变化是特别有意义的。

经验表明，滑油光谱分析技术已经有较长的应用历史，并且在发动机状态监控中得到了广泛有效的应用。但是，它不能有效检测尺寸大于 $10\ \mu m$ 的金属磨粒，不能观察和分析单个磨粒的缺陷，因此损失了一些重要信息。滑油屑末分析技术相当简便，但其定量性能和故障早期预报性能却不能令人满意。铁谱分析技术具有较宽的尺寸检测范围和较高的检测效率，能同时对磨粒进行定性分析和定量监测，可以弥补屑末分析技术和光谱分析技术的不足。

思 考 题

1．航空发动机受润滑零件磨损的程度与时间有什么关系？
2．滑油油样分析的基本原理是什么？
3．磁性屑末检测器的工作原理是什么？

4．滑油的理化分析主要检测滑油的哪些性能指标？

5．分析式铁谱仪的基本原理是什么？

6．磨损状态的定性分析与定量分析的目的或功能是什么？

7．简述 3 种常用的滑油分析技术的分析能力和应用范围。

第6章　发动机转子系统
状态监控与故障诊断

转子系统是航空发动机的核心系统。从原理上来说，转子系统负责完成发动机热力循环中两种主要的能量转换过程，在压气机中将高速旋转叶轮的机械能转换成空气的内能，在涡轮中将高温燃气的内能转换成机械能。从结构上来说，转子系统承受着巨大的工作负荷，包括燃气的高温、高转速、大功率所带来的大离心力和热负荷，同时转子系统还向发动机和飞机的附件提供功率和转矩。此外，发动机的高压转子、低压转子与静子机匣，以及高压转子与低压转子之间有着复杂的轴承支撑结构。因此，对转子系统进行状态监控与故障诊断具有重要的意义。

6.1　概　　述

航空发动机的转子系统包括压气机转子、涡轮转子，连接上述两个转子的轴及联轴器，支撑转子的各个滚动轴承等，也包括诸如涡轮风扇发动机中的风扇转子、涡轮螺旋桨发动机中的螺旋桨等。压气机转子包括压气机转子叶片、压气机盘、压气机轴颈和鼓筒，涡轮转子包括涡轮转子叶片、涡轮盘、涡轮轴颈。

这些转动部件都在高速旋转的条件下工作，承受着极大的工作负荷。据国内外有关资料的统计，航空发动机所发生的各类断裂故障中，转子系统部件故障所占比例高达 80%，其中主要是转子系统中的叶片、盘、轴和轴承故障。

转子系统部件故障具有两个突出的特点：

（1）出现的重复性，同一个部件同样类型的故障反复出现，如某发动机的 3 号和 5 号轴承多次出现滚子、护圈磨损及保持架断裂的故障。

（2）后果的严重性，如某发动机压气机的九级篦齿盘断裂故障，打坏发动机机匣和飞机机身蒙皮，严重影响飞行训练；某发动机压气机第四级轮盘槽底出现裂纹，曾多次造成一等和二等飞行事故。

进行转子系统监控的目的有 3 个：

（1）了解和掌握转子系统的运行状况，以发现转子系统存在的故障隐患。发动机转子系统的结构非常复杂，工作条件恶劣，容易出现结构性故障，通过对转子系统的监控，可以及早地发现隐患，减少或杜绝事故的发生。

（2）便于分析造成转子系统故障的原因，为维护提供依据。

（3）通过对转子系统的监控，比较不同发动机性能、可靠性和维修性的差异，为设计、改进发动机提供参考。

6.1.1 转子系统状态监控与故障诊断的目的和意义

（1）及时掌握发动机的工作状况，特别是对发动机工作影响较大的叶片、轮盘和轴承的故障，避免事故的发生。

（2）确定故障的部位。由于转子系统结构复杂，故障表现形式多样，准确地进行故障定位和分析比较困难，通过对转子系统各部件的监控，有助于发现可能的故障部位。

（3）为设计和改进发动机结构提供依据。由于转子系统大多处于机匣包裹之中，特别是轴承和齿轮机构，很难发现存在的故障，因此一般采用专门的诊断方法，这能够为设计和改进发动机提供较大的帮助。

国外一些国家航空发动机的转子系统上已经采用了一些先进的技术和监控手段，如发动机轴承采用电磁轴承和无限寿命设计技术，在轴承监控方面采用监控轴承工作的超温装置、监控转子叶片与机匣间隙的间隙监控装置等。

6.1.2 转子系统状态监控的特点

（1）无损性，即采用的状态监控方法不会对转子系统各部件的工作造成不利影响，也不会造成转子系统结构的损伤。

（2）预见性，即对转子系统的状态监控是在特定的时机进行的，如发动机特检时，通过状态监控可以对发动机的持续工作能力做出评估。

（3）静态性，即对转子系统的状态监控是在发动机处于停车状态时，使用或连接地面相关的检测设备完成的。

受发动机转子系统结构限制，目前对转子系统进行状态监控的方法主要有惯性运转时间监控方法、轴承监控方法、跳动量检查方法、脱开力矩检查方法和无损检测方法等。

6.2 轴承监控技术与故障分析

据不完全统计，约30%的旋转机械故障是由轴承损坏造成的，其运行状态直接影响整机的性能。由于设计不当、零件的加工和安装工艺不好、轴承的工作条件欠佳或突加载荷的影响，轴承在承载运转一段时间后会产生各种各样的缺陷，其缺陷在设备正常运行的过程中还会进一步扩展，使轴承运行状态逐渐恶化，甚至完全失效，仅有10%～20%的轴承达到了它们的设计寿命。

现代航空发动机的支撑结构广泛采用滚动轴承。与滑动轴承相比，滚动轴承具有如下优点：摩擦力矩低，功率损耗小，启动摩擦力矩略高于运动摩擦力矩；负荷、转速和工作温度的适应范围宽，对滚动轴承的性能影响不大；滚动轴承的润滑和维护保养容易；大多数滚动轴承受径向和轴向负荷的能力强；轴向尺寸小；滚动轴承的类型很多，外形尺寸已标准化，可替换性强。

滚动轴承主要由内圈、外圈、滚动体和保持架组成，也可以无内圈或外圈，而由一起配装的主机零件、轴或外套代替，由起支撑作用的滚动体在内圈和外圈之间的滚道上滚动，实现轴与基座的相对旋转。保持架把滚动体均匀地隔开，并对滚动体的运动起引导作用。如

图 6-1 和图 6-2 所示分别为球滚动轴承的结构和圆柱滚动轴承的结构。

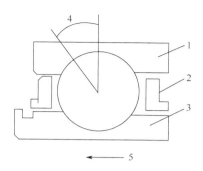
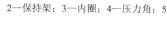

1—外圈；2—保持架；3—内圈；4—压力角；5—轴向推力

图 6-1　球滚动轴承的结构

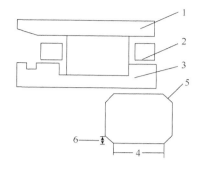

1—外圈；2—保持架；3—内圈；4—滚子平直段；

5—拐角半径；6—冠落差

图 6-2　圆柱滚动轴承的结构

6.2.1　滚动轴承的故障形式

滚动轴承在使用过程中由于本身质量和外部条件等原因，其承载能力、旋转精度等都会发生变化。当滚动轴承的性能指标低于规定的使用要求时，就认为轴承损坏或失效。滚动轴承的损坏情况比一般机械零件的损坏情况要复杂得多，其特点是故障原因复杂、故障形式多样、不易进行在线分析等，除轴承设计和制造原因外，大部分故障是由于使用不当造成的，如选型不合适、润滑不良、密封不好等。理论与实际研究表明：旋转机械的滚动轴承故障中大约有 90%与内圈或外圈的缺陷有关，其他 10%的故障与滚动体和保持架的故障有关。

滚动轴承的故障形式很多，其基本形式包括：

（1）磨损失效，这是机械摩擦引起的表面磨损形成的磨损产物造成的；

（2）疲劳失效，故障原因是疲劳应力，表现为滚动体或滚道表面剥落、脱皮；

（3）腐蚀失效，故障原因主要来自 3 个方面，即滑油及水分的化学腐蚀、电腐蚀、套圈在轴颈上产生微小相对运动造成的微振腐蚀等；

（4）断裂失效，这是由轴承制造过程中的磨削、热处理、装配不良、热应力大，以及使用过程中的运行载荷大、转速高、润滑不良等原因造成的；

（5）压痕失效，可能是由过载、撞击、敲击等原因造成的，表现为在零件表面产生局部变形，出现凹坑；

（6）胶合失效，表现为滚道和滚动体由于受热而局部胶合在一起，一般出现在高温、高速、重载、润滑不良等情况下。

滚动轴承的损坏一般从滚动体的表面开始，其损坏的原因主要有磨粒引起的损伤、轻载打滑引起的损伤、压痕引起的损伤、大碳化物引起的损伤、腐蚀引起的损伤。例如，某型号发动机曾发生了多起低压涡轮轴断裂故障，致使数台发动机停用而影响飞行训练。经过分析认为，该型号发动机低压涡轮轴断裂故障的原因是发动机后轴间轴承失效，致使高压涡轮盘与低压涡轮轴相磨，涡轮轴强度降低直至断裂。此外，滑油系统结构设计上存在的薄弱环节也是导致后轴间轴承失效的原因之一。同时，由于轴承的工作条件极其恶劣，在不拆卸的情况下难以直接测量其振动信号，因此无法准确地判断轴承的使用状况。如图 6-3 所示是后轴间轴承损坏图示。

图 6-3   后轴间轴承损坏图示

图 6-4～图 6-7 是某发动机后轴间滚动轴承的失效情况，分别是后轴间轴承滚棒损坏、后轴间轴承保持架损坏、后轴间轴承外圈磨损和后轴间轴承内圈磨损。

图 6-4   后轴间轴承滚棒损坏

图 6-5   后轴间轴承保持架损坏

图 6-6   后轴间轴承外圈磨损

图 6-7   后轴间轴承内圈磨损

6.2.2   滚动轴承的振动类型及特征

一般将滚动轴承在工作过程中所产生的振动分为两类：一类是与轴承的弹性有关的振动，另一类是与轴承滚动表面的状况（如伤痕、细小的波纹等）有关的振动。前者是与轴承异常工作无关的振动，后者反映了轴承的损伤情况。

滚动轴承在运转的过程中，如果表面出现损伤，滚动体在损伤表面滚动时，就会产生一种交变的激振力。由于轴承表面的损伤形态是不规则的，因此激振力产生的振动是由多种频率成分组成的随机振动。对相关振动机理的研究表明，轴承表面的损伤形态和轴的旋转速度决定了激振力的频率特性，轴承和外壳体的支撑刚度决定了振动系统的传递特性，整个轴承振动系统的最终频率由上述两种特性共同决定。通常，轴的旋转速度越高，损伤越严重，其振动的频率就越高；轴承的尺寸越小，其固有振动频率也越高。

6.2.3 滚动轴承的状态监控方法

监控滚动轴承运转状况的方法很多，主要有振动频率分析法、冲击脉冲法、振动声学诊断法等。振动频率分析法应用最广泛、最有效，其次为冲击脉冲法和近年来发展起来的振动声学诊断法。表 6-1 给出了滚动轴承诊断项目的比较。

表 6-1 滚动轴承诊断项目的比较

诊断项目	异常现象									
	破碎	裂纹	压痕	磨损	电蚀	擦伤	烧固	锈蚀	保持架损坏	蠕变
振动	○	○	○	○	○	○	○	△	○	△
温度	×	×	×	△	△	△	○	×	×	△
磨屑	○	△	×	○	○	○	△	○	△	△
声发射	○	○	△	△	△	△	△	×	△	△
油膜电阻	×	×	×	○	○	○	○	△	×	×

注：○—有效；△—有可能；×—不可能

1. 振动频率分析法

振动频率分析法主要是监控状态轴承在运转过程中所产生的振动信号，并对振动信号的频率进行分析，研究各频率构成信息，从而分析故障的原因。由于航空发动机是一个复杂的系统，传递发动机承力机匣的振动信号中包含发动机各运动部件产生的振动特征，监控滚动轴承的运转状况，不但可以发现故障，而且可以确定故障部件。

滚动轴承故障频率分布的显著特点是在低频和高频两个频段都有表现，所以在进行频率分析时，可以选择两个频段进行分析。低频段的频率小于 1000Hz，主要分析轴承的通过频率；高频段的频率范围为 1000 Hz～10000Hz，主要分析轴承的固有频率及其高次谐波。在轴承故障的早期，在高频段能辨别其总体状态，得出有无故障及其严重程度的结论；在低频段一般可以确定其故障的部位。如果能分别对两个频段进行分析，做到两种情况相互印证，那么效果更佳。此外，参考轴承的振动波形也有助于故障判别。

采用振动频率分析法进行频率分析时，应首先根据轴承的设计参数计算轴承的特征频率；其次，采集有代表性的发动机振动信号；再次，针对所采集的振动信号，分析振动信号中高频段和低频段的频谱，找出轴承的特征频率及其谐波；最后，针对所找出的特征频率结合时域波形进行综合分析。

如图 6-8 所示为某发动机支撑点测点的高频段和低频段的频谱图和时域波形图。在图 6-8（a）所示的频谱图上，出现了 1kHz 以上的频率成分 1350Hz 和 2450Hz，形成小段高频峰群，经计算确认这是轴承的固有频率。图 6-8（b）是低频段的频谱图，从图中可清楚地观察到转速频率 $f_r = 15\text{Hz}$，外圈通过频率 $f_o = 61\text{Hz}$，内圈通过频率 $f_i = 88\text{Hz}$，外圈通过频率的 2 次谐波和 3 次谐波分别为 122Hz 和 183Hz。图 6-8（c）是时域波形图，从图上可看出间隔为 5.46ms 的波峰，其频率也为 183Hz（1000÷5.46=183Hz），即外圈通过频率的 3 次谐波，与图 6-8（b）中所示的外圈通过频率相互印证。根据两个频段的分析所得到的频率信息，可以判断轴承外圈存在故障，可能内圈也有一些问题。经分解检查发现，轴承内圈和外圈都存在很长的轴向裂纹，与判断结果一致。

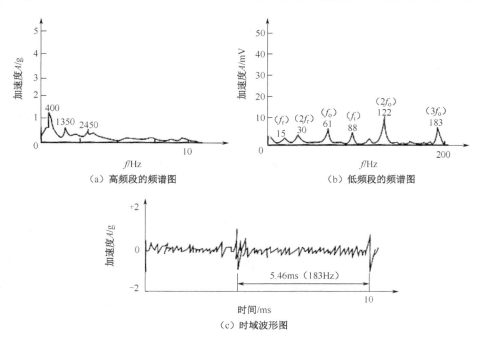

（a）高频段的频谱图　　　　　　　　　（b）低频段的频谱图

（c）时域波形图

图 6-8　某发动机支撑点测点的高频段和低频段的频谱图和时域波形图

2．冲击脉冲法

冲击脉冲法从 20 世纪 80 年代开始应用，由于冲击脉冲法具有使用简便、结果准确的特点，因此在诊断滚动轴承故障方面得到了广泛应用。

1）冲击脉冲法的原理

冲击脉冲法从本质上来讲仍然属于振动诊断的范围，但与一般的振动诊断在实施步骤和判别方法上有很大的差别。

高速运转的滚动轴承承受着整个转子的动负荷和静负荷，工作条件极其恶劣，因此，对滚动轴承的质量和运转条件都有很高的要求。滚动轴承上的每个缺陷，如滚动体疲劳剥蚀，滚道磨损，保持架变形或断裂，内圈和外圈与轴或孔配合松动而产生摩擦，以及缺乏滑油或油中混有杂质等，都会在滚动轴承的振动信号中反映出来。滚动体的冲击会产生宽带高频冲击振动，冲击振动所形成的脉冲高频压缩波通过外圈传递给轴承座。这种脉冲高频压缩波一旦被安装在轴承座上的传感器所接收，经测量仪器处理后，就会显示出滚动轴承的高频冲击脉冲信号，据此可以推断滚动轴承处于何种状态。

冲击脉冲计就是应用冲击脉冲原理诊断滚动轴承故障的专用仪器，主要由脉冲计、冲击脉冲探头和连接导线组成。在冲击脉冲探头内装有加速度传感器，通过探头将加速度传感器靠在轴承座上，轴承的冲击振动经轴承座传到加速度传感器上，激起其固有频率的减幅振荡，这个振动的幅度与轴承故障的严重程度成正比；脉冲计对冲击脉冲探头所输出信号的处理有别于一般的振动法，它对振动信号不做宽频带测量，只是在加速度传感器的固有频率上测量。

国内广泛应用的国产 CMJ-1 型冲击脉冲计的结构图如图 6-9 所示。

CMJ-1 型冲击脉冲计采用谐振频率为 32kHz 的加速度传感器，测量电路中采用了以此频率为中心频率的带通滤波器，滤掉了轴承附近中低频率的机械干扰，只让反映冲击脉冲的高频率成分通过。其高频信号经过可调衰减器和放大器，再经包络检波得到解调后的信号，由电压比较器与预先设定的电压进行比较。当超过预先设定的电压时，就使多谐振荡器产生

1.5kHz 的高频信号，由扬声器发出声音，同时发光二极管发出与声音同步的闪烁光点。此时通过辨别声光信号即可以从调拨到位的刻度盘上读出冲击脉冲值，一般需要确定两个值，分别是地毯值 dB_C 和标准值 dB_N。

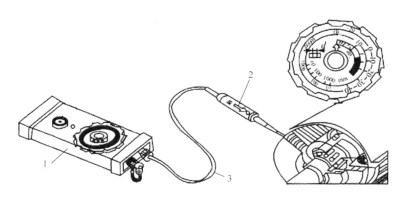

1—脉冲计；2—冲击脉冲探头（加速度传感器）；3—连接导线

图 6-9　国产 CMJ-1 型冲击脉冲计结构图

由于这种冲击脉冲计把轴承转速和轴承大小（内径）两个因素在仪器中归到同一个尺度上，使得仪器的指示值仅与轴承的损伤程度有关，各种类型、各种尺寸的滚动轴承只要有 dB_C 和 dB_N 两个值就可以直接判断轴承是否存在故障及故障的程度。即使在测试前未掌握被测轴承的运行情况，只要知道轴承的旋转转速和轴承的内径也可以进行监控。

2）冲击脉冲法的使用要点

采用冲击脉冲法进行诊断时，必须注意以下几个问题：

（1）测点的选择。为了准确地判断轴承的状态，掌握准确的轴承信息，在选择轴承测点时应遵守以下几点：第一，测点要选择在轴承的承载区内；第二，测点必须考虑到传递通道对信号的影响；第三，被测的表面要光洁。

（2）测试条件。在测试过程中，轴承应以较为恒定的转速运行，并且每次测试时应使用同一个仪器进行测量。

（3）排除冲击干扰。

（4）准确判读 dB_C 和 dB_N。

3．振动声学诊断法

航空燃气涡轮发动机是一个复杂的系统，任何一个零件的振动都会对其产生影响，振动取决于激振力的数量、激振力值，以及作用的特点和位置等。

振动声学诊断法是航空燃气涡轮发动机轴承状态监控与故障诊断的发展方向之一，其实际上也是一种振动分析方法。利用机械振动在固体、气体和液体介质中的声波等作为监控的信号，主要优点是不需要对发动机的结构进行分解和改装即可实施诊断。

1）振动声学诊断原理

通常对振动信号的测量是在发动机承力机匣规定的测量点进行的，各激振作用力 $F_1(t)$，$F_2(t)$，$\cdots$，$F_n(t)$，通过传递函数 $H_1(j\omega)$，$H_2(j\omega)$，$\cdots$，$H_n(j\omega)$ 传递到测量点，这样在测量点得到的是各作用力所激起的振动的总和，因此振动测试信号表现为多输入、单输出，振动信号形成的示意图如图 6-10 所示。

当发动机出现故障而产生周期为 T_0 的冲击脉冲串时，根据傅里叶级数理论，该脉冲串的频谱为包含基频在内的一些谐波分量，其中某阶高次谐波若与结构系统或传感器的固有频率 f_n 相吻合（f_n 一般较高，在 10kHz 以上），将激起周期性的高频自由衰减振动，该高频自由衰减振动信号经检波和低通滤波后，便得到与原脉冲串相对应的放大了的信号，根据该信号便可以求出原脉冲串的周期和相应的幅值大小。

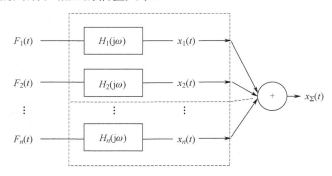

图 6-10　振动信号形成的示意图

通过检测轴承振动信号的最大幅值或峰值，可以判断轴承有无冲击振动。冲击振动通常是滚动体、内圈和外圈表面剥落后轴承高速转动所造成的。

2）振动声学检测仪

振动声学检测仪的电路原理图如图 6-11 所示，主要包括传感器、前置放大器、阻抗匹配器、带通滤波器、功率放大器、电压比较器和检波器等部分。

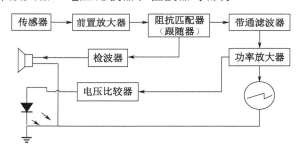

图 6-11　振动声学检测仪的电路原理图

传感器用于采集来自发动机的振动声学信号，通常为压电加速度式传感器。前置放大器用于将传感器采集的信号进行放大，并转换成电压信号。由于压电加速度式传感器输出的是电荷信号，容易受多种因素的干扰，因此通常把前置放大器与压电加速度式传感器做成一体，以减少压电加速度式传感器输出信号的衰减，提高测量的准确性。

信号经过前置放大器和阻抗匹配器后分成两部分，一部分经检波器后向扬声器输出，用声音信号报告故障信息。另一部分经过带通滤波器和功率放大器后，分为两路，一路经过电压比较器输出超过规定值的信号，通过发光二极管显示；另一路直接驱动指针表，显示目前轴承振动的大小，供直接观察。

目前得到广泛应用的是轴承噪声检测仪。利用振动声学检测仪可以检测滚动轴承的下列缺陷：内圈或外圈超过 0.05mm 的磨损，细小的点状剥落（凹痕）、砂眼、缺口等，内圈或外圈上面积超过 $4mm^2$ 的剥落，保持架的裂纹和断裂。此外，使用该仪器还可以检测主燃油总管固定支架的脱开、低压涡轮工作叶片固定环限动锁片的脱落、压气机的转子叶片与静子内部所涂的耐磨涂层的碰磨、中央传动装置的减振装置摆动、前回油泵传动装置的转轴缺陷等。

思考题

1. 发动机转子系统由哪些部件组成？
2. 滚动轴承的故障形式有哪些？
3. 常用的滚动轴承故障诊断方法有哪些？

第 7 章　故障树分析法在航空发动机故障诊断中的应用

故障树分析法（Fault Tree Analysis，FTA）是由美国贝尔电话研究所的沃森和默恩斯于 1961 年提出并应用于分析民兵式导弹发射控制系统的。随后，波音公司的哈斯尔、舒劳德和杰克逊等人研制出的故障树分析法的计算程序，标志着故障树分析法进入了以波音公司为中心的宇航领域。1974 年，美国原子能委员会发表了以麻省理工学院拉斯穆森为首的安全组撰写的"商用轻水反应堆核电站事故危险性评价"报告，该报告采用了事件树分析法（Event Tree Analysis，ETA）和故障树分析法。该报告的发表引起了各学科领域的反响，并推动了故障树分析法从宇航、核能领域进入电子、化工和机械等工业领域。

7.1　故障树分析法概述

7.1.1　故障树分析法的特点

故障树分析法是可靠性理论的一个分支，是一种对系统故障形成的原因进行由总体至部分，按树枝状逐级细化的分析方法，用于寻找导致不希望的系统故障或灾难性危险事件的所有原因和原因组合。它研究系统中某种故障与该系统中各部件失效之间的内在逻辑关系，通过分析内在逻辑关系，不仅可以找出系统的薄弱环节，指出改善系统可靠性的途径，还可以对系统的故障进行预测和诊断。

在产品设计阶段，故障树分析法可以判明潜在的系统故障模式和灾难性危险因素，发现可靠性和安全性薄弱的环节，以便改进设计。在生产和使用阶段，故障树分析法可以帮助进行故障诊断，改进维修方案。故障树分析法还可以用于事故调查。所以，故障树分析法有着极其广泛的应用范围，是国际上公认的进行可靠性和安全性分析的一种简单、有效和很有发展前途的方法。

所谓故障树分析法，就是首先选定某个影响最大的系统故障作为顶事件，然后将造成系统故障的原因逐级分解为中间事件，直至把不能或不需要分解的基本事件作为底事件为止，这样就得到了一张树状的逻辑图，称为故障树。顶事件画在顶端，也称终端事件。形成系统故障的基本事件画在故障树的底端，称为底事件或初始事件。其他为中间事件。它们之间的逻辑关系用各种逻辑门来实现。如图 7-1 所示为简单的故障树。这一简单的故障树表明，作为顶事件的系统故障是由部件 A 故障或部件 B 故障引起的，而部件 A 故障可能由元件 1 故障引起，也可能由元件 2 故障引起，部件 B 故障由元件 3 故障和元件 4 故障同时作用引起。这样，就将引起系统故障的基本原因及其影响途径表达得一清二楚。

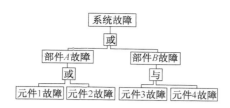

图 7-1　简单的故障树

由于故障树分析法是一种逻辑演绎法，因此能把系统故障和导致该故障的各种因素（直接因素、间接因素、硬件、软件、环境和人为等）形象地表现为故障树，直观性强。从上往下，可以看出系统故障与哪些单元有关系，有怎样的关系，有多大关系；从下往上，可以看出单元故障对系统故障的影响，有什么影响，影响的途径是什么，影响的程度有多大。

但是由于故障树所列举的系统故障的种类不同，有时可能漏掉重大的部件或元件故障。此外，它的理论性较强，逻辑较严密，当分析人员的知识水平和分析水平不一致时，所得结论的置信度可能有所不同。

7.1.2　故障树分析法的基本概念

故障树是形同树枝状结构的逻辑因果关系图。故障树是将系统故障按结果和原因，由总体至部分，由源至流，由干至枝，逐级细化形成的结构框图。

组成故障树的基本元素是事件。在故障树分析法中把各种故障状态或不正常情况称为故障事件，把各种完好状态或正常情况称为成功事件。事件之间的逻辑因果关系用逻辑门描述。

在故障树分析法中逻辑门只描述事件之间的因果关系。逻辑门的输入事件是输出事件的"因"，逻辑门的输出事件是输入事件的"果"。根据事件之间不同逻辑关系的特征，逻辑门包括与门（AND gate）、或门（OR gate）、非门（NOT gate）、顺序与门（Sequential AND gate）、表决门（Voting gate）、异或门（Exclusive OR gate）和禁门（Inhibit gate）等。其中，与门、或门和非门是 3 个基本逻辑门。

仅含底事件和顶事件及基本逻辑门的故障树称为规范化故障树。

在故障树中所使用的符号有事件符号、逻辑门符号和转移符号，见表 7-1。

表 7-1　事件符号、逻辑门符号和转移符号

分类	符号	说明
事件	▭	结果事件： 分为顶事件和中间事件
	◯	底事件之一：基本事件 在特定的故障树分析中无须探明其发生原因的底事件。若用虚线环则表示人为因素事件
	◇	底事件之二：未探明事件 应该探明其原因但暂时不必或不能探明的底事件。若用虚线框则表示人为因素事件
	⬠	开关事件： 已经发生或必将要发生的特殊事件

分类	符号	说明
事件		条件事件： 表示描述逻辑门起作用的具体限制的特殊事件
逻辑门		与门（AND gate）： 表示仅当所有输入事件发生时，输出事件才发生
		或门（OR gate）： 表示至少有一个输入事件发生时，输出事件就发生
		非门（NOT gate）： 表示输出事件是输入事件的逆事件
	禁止打开条件	禁门（Inhibit gate）： 表示仅当禁止打开条件发生时，输入事件的发生才会导致输出事件的发生
	顺序条件	顺序与门（Sequential AND gate）： 表示仅当输入事件按规定顺序发生时，输出事件才会发生
	不同时发生	异或门（Exclusive OR gate）： 表示仅当单个输入事件发生时，输出事件才会发生
	r/n	表决门（Voting gate）： 表示当 n 个输入事件中有 r 个以上（含 r 个，$1 \leqslant r \leqslant n$）的事件发生时，输出事件才会发生
转移		相同转移符号： 表示转移到相同的故障树，避免重复
		相似转移符号： 表示转移到相似的故障树，避免重复

下面以如图 7-2 所示的飞机因发动机故障不能飞行的故障树为例来说明故障树的基本概念。

如图 7-2 所示的故障树由若干不希望发生的故障事件组成，各事件之间的因果关系用逻辑门描述。其中，事件"飞机因发动机故障不能飞行"是顶事件，是故障树分析的对象，分析的目的就是要确定引起"飞机因发动机故障不能飞行"这一事件的原因。图中 $x_1 \sim x_6$ 是底事件，是导致"飞机因发动机故障不能飞行"这一事件的可能原因，属于基本事件。"发动机 A 发生故障""发动机 B 发生故障""发动机 C 发生故障""E""F"也是故障事件，属于中间事件。"发动机 B 发生故障"和"发动机 C 发生故障"的情况与"发动机 A 发生故障"的情况相似，所以"发动机 B 发生故障""发动机 C 发生故障""发动机 A 发生故障"是相似事件，不用重复画出，可以用相似转移符号表示。

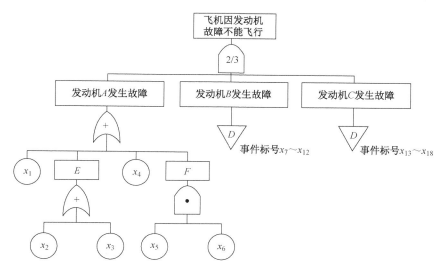

图 7-2　飞机因发动机故障不能飞行的故障树

　　对于装有 3 台发动机的飞机来说，有两台以上（含两台）的发动机发生故障停止工作才会导致飞机不能继续飞行，所以 3 台发动机故障与"飞机因发动机故障不能飞行"事件之间的逻辑关系用表决门描述。

　　因为"发动机 B 发生故障""发动机 C 发生故障""发动机 A 发生故障"是相似事件，所以下面只分析"发动机 A 发生故障"。"发动机 A 发生故障"的可能原因有 4 个：基本事件 x_1 和 x_4，以及中间事件 E 和 F。这 4 个事件中只要有一个事件发生，"发动机 A 发生故障"事件就要发生，所以它们和"发动机 A 发生故障"事件之间的逻辑关系用或门描述。中间事件 E 和 F 分别由两个基本事件（x_2、x_3 和 x_5、x_6）引起。其中，基本事件 x_2 和 x_3 中只要有一个发生，事件 E 就会发生，所以它们与事件 E 之间的逻辑关系用或门描述；而基本事件 x_5 和 x_6 中只要有一个不发生，事件 F 就不会发生，所以它们与事件 F 之间的逻辑关系应该用与门描述。

7.1.3　故障树分析法的目的和步骤

　　故障树分析法的目的是以一个不希望的系统故障事件（或灾难性的系统危险）作为分析目标（顶事件），通过由上向下的顺序，逐层找出事件必要而充分的直接原因，最终找出导致顶事件发生的所有原因和原因组合，并在具有基础数据时计算出顶事件的发生概率和底事件的重要度等定量指标。

　　故障树分析法的一般步骤是：

　　（1）选择顶事件；

　　（2）建立故障树；

　　（3）求故障树的结构函数；

　　（4）定性分析；

　　（5）定量分析。

7.2 故障树的建立

7.2.1 建立故障树的方法

1. 选择顶事件

选择顶事件的原则是：有确定的定义，不能模棱两可、含混不清；能分析，以便分析顶事件与底事件之间的关系；能度量，以便进行测量和定量分析。

对大型复杂系统，也可以把子系统的故障即中间事件作为顶事件建立若干子树进行分析计算，然后综合其结果。

2. 建立故障树的基本方法和规则

目前建立故障树的基本方法有两大类：一类是人工建树，用的是演绎法；另一类是计算机辅助建树。所谓演绎法，是从顶事件开始，往下经过中间事件，直到底事件为止，逐级分解建树的方法。在顶事件确定后，建树一般分为以下几步：

（1）确定主流程；

（2）确定边界条件；

（3）画树；

（4）化简。

建树时的注意事项：

（1）有明确的主流程。主流程是贯穿于系统各部件的功能性故障。以主流程为纲从顶事件到底事件逐层分解建树，就可以使故障树结构清晰。

（2）合理地确定边界条件，以便确定故障树的范围。所谓边界条件包括系统的边界条件和部件的边界条件，目前是指初始条件、已知的技术状态、已发生或正在发生的故障事件、不允许出现的事件等，其中顶事件是最重要的边界条件之一。确定边界条件时，有的事件发生概率虽小，但后果严重，不能作为不可能事件处理。

（3）精确地定义故障事件，必须做到只有一种解释，切忌多义性和模棱两可、含糊不清，否则会导致故障树中出现逻辑混乱、矛盾和错误。在建树时应首先考虑主要的、高度可能的、高危害性的或关键性的事件，其次考虑次要的、发生概率较小的事件。

建树时需要遵循的基本规则：

（1）在事件框内填入故障内容，此内容应确切说明是什么样的故障及此故障在什么条件下发生。

（2）如果对问题"方框内的故障能否由一个元件失效构成"的回答是肯定的，那么把事件列为"元件类"故障；如果回答是否定的，那么把事件列为"系统类"故障。

（3）如果元件的正常功能传送的是故障，那么认为元件的工作是正常的。该规则称为非奇迹规则。

（4）在对某个门的全部输入事件做进一步分析之前，应先对该门的全部输入事件做出完整的定义。该规则称为完整门规则。完整门规则要求故障树应逐级建立。

（5）门的输入应当是经过恰当定义的故障事件，门与门之间不得直接相连，该规则称为非门门规则。在定量评价和化简故障树时，有时会出现门与门相连的情况，但在建树过程中，门与门相连会导致逻辑混乱。

演绎法建树的基本规则如下：

（1）明确建树的边界条件，确定化简后的系统图。

（2）严格定义故障事件。

（3）从上到下逐级建树。

（4）故障树演绎过程中首先要寻找直接原因事件而不是基本原因事件。在建树过程中应不断利用"直接原因事件"作为过渡，逐步、无遗漏地将顶事件演绎为基本原因事件。

（5）建树时不允许逻辑门之间直接相连。这条规则意在保证对中间事件进行严格定义，并在此条件下发展子树。

（6）妥善处理共因事件。共同原因故障事件简称共因事件。共因事件对系统故障发生概率的影响很大。共因事件在不同分支中需要使用统一的标号。

3. 建立故障树的步骤

（1）确定顶事件。

（2）确定子事件，将与顶事件直接相关的中间事件作为次级顶事件。

（3）建造子树，将次级顶事件发展到底事件。

（4）子树中还可能含有子树，将其再发展到底事件。

（5）依次将各个子树构造完毕。

7.2.2　故障树的化简

根据系统分析建立的故障树在逻辑上可能存在烦琐和重复的情况，即逻辑多余事件。因此，必须对故障树进行化简，以使定性分析和定量分析更方便。

1. 逻辑运算

两个变量的基本逻辑关系见表 7-2。两个变量逻辑运算的真值表见表 7-3。逻辑运算的基本法则见表 7-4。

表 7-2　两个变量的基本逻辑关系

逻辑关系	表达式	含义	其他表示方法
逻辑非	$\overline{x_1}$	没有 x_1	cx_1，x_1'
逻辑与	$x_1 \cdot x_2$	x_1 与 x_2	$x_1 \wedge x_2$，$x_1 \cap x_2$
逻辑或	$x_1 + x_2$	x_1 或 x_2 或两者	$x_1 \vee x_2$，$x_1 \cup x_2$
蕴涵	$x_1 \Rightarrow x_2$	有 x_1 必有 x_2	$\overline{x_1} \vee x_2$，$\overline{x_1} + x_2$，$x_1 \subset x_2$
同一	$x_1 \Leftrightarrow x_2$	x_1 和 x_2 同有同无	$x_1 x_2 + \overline{x_1 x_2}$

表 7-3　两个变量逻辑运算的真值表

x_1	x_2	$\overline{x_1}$	$\overline{x_2}$	$x_1 + x_2$	$x_1 \cdot x_2$	$x_1 \Rightarrow x_2$	$x_1 \Leftrightarrow x_2$
0	0	1	1	0	0	1	1
0	1	1	0	1	0	1	0
1	0	0	1	1	0	0	0
1	1	0	0	1	1	1	1

表 7-4　逻辑运算的基本法则

逻辑关系	运算公式	逻辑关系	运算公式
逻辑和运算	$A+B=B+A$ $A+(B+C)=(A+B)+C$ $A+A+\cdots+A=A$ $A+1=1$ $A+0=A$	对偶律 （摩根律）	$\overline{A\cdot B\cdot\cdots\cdot K}=\overline{A}+\overline{B}+\cdots+\overline{K}$ $\overline{A+B+\cdots+K}=\overline{A}\cdot\overline{B}\cdot\cdots\cdot\overline{K}$
逻辑积运算	$AB=BA$ $A(BC)=(AB)C$ $A\cdot A\cdot\cdots\cdot A=A$ $A\cdot1=A$ $A\cdot0=0$	吸收律	$A+\overline{A}B=A+B$ $A+AB=A$ $A(A+B)=A$ $AB+AC+BC=AB+AC$
		分配律	$A(B+C)=AB+AC$ $A+BC=(A+B)(A+C)$
定运算	$\overline{\overline{A}}=A$ $A+\overline{A}=1$ $A\overline{A}=0$	对合律	$AB+\overline{A}B=B$ $(A+B)(A+\overline{B})=A$

2. 故障树的化简方法

故障树化简的原则是去掉逻辑多余事件，用简单的逻辑关系表示。常用的方法有修剪法和模块化两种。

1）修剪法

修剪法就是利用逻辑运算规则去掉逻辑多余事件的方法。对简单的故障树可以通过目测直接去掉逻辑多余事件，也可以用布尔代数运算吸收。

已知运算式（7-1），其故障树化简图示如图 7-3 所示。

$$\begin{cases} x+x=x \\ x\cdot x=x \\ x+(x\cdot x)=x \\ x\cdot\overline{x}=0 \end{cases} \tag{7-1}$$

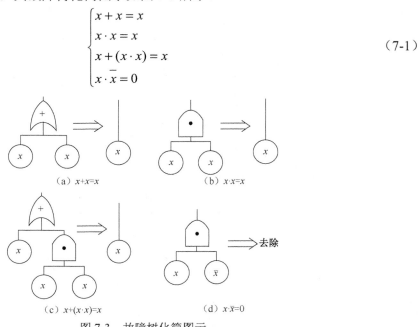

图 7-3　故障树化简图示

已知如式（7-2）所示的结合律，利用结合律化简故障树如图 7-4 所示。

$$\begin{cases} (A+B)+C = A+B+C \\ (AB)C = ABC \end{cases} \quad （7\text{-}2）$$

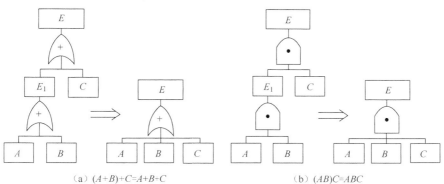

（a）$(A+B)+C=A+B+C$　　　　　　　（b）$(AB)C=ABC$

图 7-4　利用结合律化简故障树

已知如式（7-3）所示的分配律，利用分配律化简故障树如图 7-5 所示。

$$\begin{cases} AB+AC = A(B+C) \\ (A+B)(A+C) = A+BC \end{cases} \quad （7\text{-}3）$$

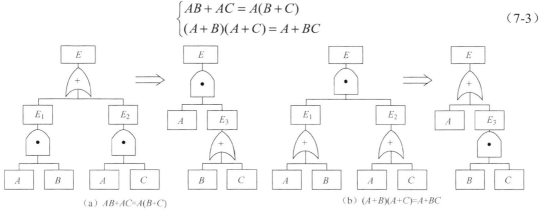

（a）$AB+AC=A(B+C)$　　　　　　　　　（b）$(A+B)(A+C)=A+BC$

图 7-5　利用分配律化简故障树

已知如式（7-4）所示的吸收律，利用吸收律化简故障树如图 7-6 所示。

$$\begin{cases} A(A+B) = A \\ A+AB = A \end{cases} \quad （7\text{-}4）$$

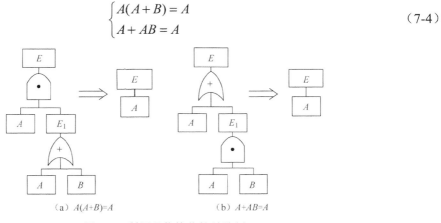

（a）$A(A+B)=A$　　　　　　（b）$A+AB=A$

图 7-6　利用吸收律化简故障树

已知如式（7-5）所示的幂等律，利用幂等律化简故障树如图 7-7 所示。

$$\begin{cases} A+A=A \\ AA=A \end{cases} \tag{7-5}$$

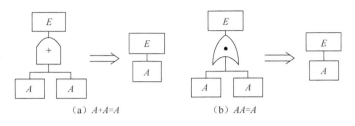

图 7-7　利用幂等律化简故障树

已知如式（7-6）所示的互补律，利用互补律化简故障树如图 7-8 所示。

$$A\overline{A}=\phi \tag{7-6}$$

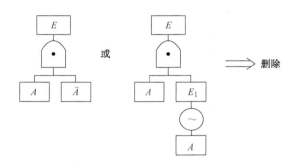

图 7-8　利用互补律化简故障树

2）模块化

所谓模块化是指把故障树中的底事件分解成若干个底事件的集合，并且每个集合都是互斥的。模块化后，树的规模就变小了，定性分析或定量分析就容易多了。

常用的故障树模块化方法有两种，一是按照定义直接在故障树上通过目测判断；二是通过对故障树的初步分析，把相斥的中间事件作为模块。如图 7-9 所示是利用模块化化简故障树。

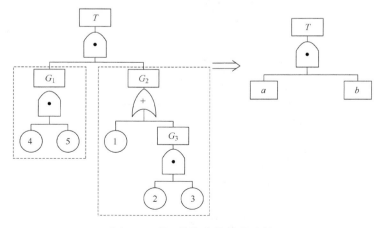

图 7-9　利用模块化化简故障树

7.2.3　故障树的结构函数

故障树的结构函数是以全部底事件为自变量，以顶事件的状态为因变量的布尔函数。

故障树是由构成它的全部底事件及其逻辑关系连接而成的，因此可以将结构函数用作数学工具，列出故障树的数学表达式，以便进行定性分析和定量分析。

考虑由 n 个不同的独立底事件所构成的故障树，引入二值变量 x_i 表示第 i 个底事件 e_i 的状态 $(i=1,2,\cdots,n)$，并定义

$$x_i = \begin{cases} 1, & e_i\text{发生} \\ 0, & e_i\text{不发生} \end{cases} \tag{7-7}$$

同样，引入二值变量 $\varPhi$ 表示顶事件 T 的状态，并定义

$$\varPhi = \begin{cases} 1, & T\text{发生} \\ 0, & T\text{不发生} \end{cases} \tag{7-8}$$

因为顶事件的状态完全由底事件的状态所决定，所以顶事件状态变量的取值也完全由底事件状态变量的取值决定。若定义 $\varPhi$ 是 $X=(x_1,x_2,\cdots,x_n)$ 的函数，并记作

$$\varPhi = \varPhi(X) \tag{7-9}$$

则称函数 $\varPhi$ 为故障树的结构函数。

例如，图 7-10 中的与门故障树的结构函数为

$$\varPhi(X) = \prod_{i=1}^{n} x_i = \min(x_1,x_2,\cdots,x_n) \tag{7-10}$$

图 7-10 中的或门故障树的结构函数为

$$\varPhi(X) = \sum_{i=1}^{n} x_i = \max(x_1,x_2,\cdots,x_n) \tag{7-11}$$

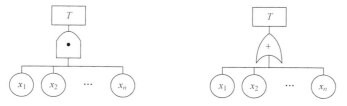

图 7-10　与门故障树及或门故障树

由反演定理知 $\overline{\overline{(A+B+\cdots+K)}} = 1 - \overline{A}\cdot\overline{B}\cdot\cdots\cdot\overline{K}$，进而可知

$$\sum_{i=1}^{n} x_i = 1 - \prod_{i=1}^{n}(1-x_i) \tag{7-12}$$

如图 7-11 所示的故障树的结构函数可以直接根据故障树写为式（7-13）

$$\varPhi(X) = \left\{ x_4[x_3 + (x_2\cdot x_5)] \right\} + [x_1(x_3 + x_5)] \tag{7-13}$$

一般情况下，如果给出了故障树，就可以根据它直接写出其结构函数。但是，如果逻辑关系十分复杂，就要利用最小割集或最小路集写出其结构函数。

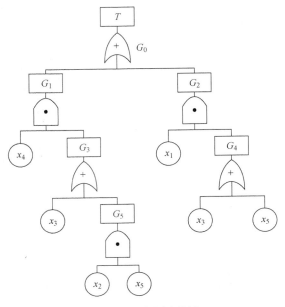

图 7-11　故障树举例

7.2.4　相干性的概念

为了对故障树进行分析，通常要考虑故障树中全部底事件和全部顶事件的关系，因此需要引入相干性的概念。

考虑由 n 个不同的独立底事件所构成的故障树，引入二值变量 x_i 表示第 i 个底事件 e_i 的状态（$i=1,2,\cdots,n$），如果对于 x_i，有式（7-14）成立：

$$\Phi(1_i,X) \geqslant \Phi(0_i,X) \tag{7-14}$$

那么称底事件 e_i 对结构函数 Φ 是相干的；否则，称底事件 e_i 对结构函数 Φ 是非相干的。

例如，如图 7-12 所示的故障树的结构函数为

$$\Phi(X) = x_1 + (x_1 \cdot x_2) \tag{7-15}$$

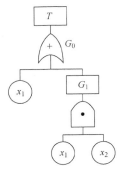

图 7-12　含非相干底事件的故障树

如果应用布尔函数的吸收律，那么可以化简成

$$\Phi(X) = x_1 \tag{7-16}$$

这说明，顶事件的状态仅仅由底事件 1 的状态决定，而与底事件 2 的状态无关。可见，底事件 2 是非相干的底事件。

一般来说，如果底事件 e_i 不发生（$x_i = 0$）时，顶事件发生（$\Phi = 1$），而底事件 e_i 发生（$x_i = 1$）时，顶事件却不发生（$\Phi = 0$），那么这种能使系统状态恢复的底事件可以不画出来。

如果结构函数 $\Phi(X)$ 满足以下性质，那么称 $\Phi(X)$ 是相干结构函数。

（1）底事件 $e_i(i = 1,2,\cdots,n)$ 对 $\Phi(X)$ 是相干的。

（2）$\Phi(X)$ 对各变量 x_i $(i = 1,2,\cdots,n)$ 是相干的，并且是非递减的。

因为由与门和或门构成的故障树的结构函数 $\Phi(X)$ 必然满足性质（2），因此，只要它满足性质（1）就是相干结构函数。

相干故障树的结构函数具有以下性质。

（1）$\Phi(0) = 0$。

（2）$\Phi(1) = 1$。

（3）设有状态向量 X 和 Y，如果 $X \geqslant Y$，那么必有 $\Phi(X) \geqslant \Phi(Y)$。

（4）设 $\Phi(X)$ 是由 n 个独立底事件组成的任意结构故障树的结构函数，则式（7-17）成立

$$\prod_{i=1}^{n} x_i \leqslant \Phi(X) \leqslant \sum_{i=1}^{n} x_i \tag{7-17}$$

式（7-17）表示被评价的任意故障树的状态，其上限是或门故障树的状态，其下限是与门故障树的状态。换言之，用任意故障树表示的系统可靠性不会比由同样单元组成的串联系统的可靠性更差，也不会比由同样单元组成的并联系统的可靠性更好。

7.3　故障树的定性分析与定量分析

7.3.1　故障树的定性分析

对故障树进行定性分析的主要目的是弄清引发系统某种故障的可能原因，即研究哪些底事件的组合可以造成不期望的顶事件的发生，以及至少有多少个底事件发生才会引起顶事件的发生。

当某几个底事件的集合失效时，将引起系统故障的发生，这个集合称为割集，即一种失效模式；与此相反，将系统不发生故障的底事件的集合称为路集。

最小割集是包含数量最少且最必要底事件的割集，而全部最小割集的完整集合则代表了给定系统的全部故障。因此，最小割集的意义就在于它反映了处于故障状态的系统中必须修理的故障，指出了系统的最薄弱环节。定性分析的主要任务就在于确定系统的最小割集和最小路集。

1. 最小割集和最小路集

假定底事件的集合为 $\underline{C} = (e_1, e_2, e_3, \cdots, e_n)$，将向量 X 的底事件分为两个子集 $C_0(\underline{X}) = (e_i | x_i = 0)$ 和 $C_1(\underline{X}) = (e_i | x_i = 1)$。其中，$C_0(\underline{X})$ 是由 $\underline{X}$ 的分量中状态为 0 的底事件组成的集合，$C_1(\underline{X})$ 是由 $\underline{X}$ 的分量中状态为 1 的底事件组成的集合。

若状态向量 $\underline{X}$ 能使 $\Phi(\underline{X}) = 1$，则称 $\underline{X}$ 为割向量。而割向量 $\underline{X}$ 对应的底事件集合 $C_1(\underline{X})$ 称为割集。又设 $\underline{X}$ 是割向量，同时满足 $\underline{Z} < \underline{X}$ 的任意向量 $\underline{Z}$ 能使 $\Phi(\underline{X}) = 0$ 成立，则称 $\underline{X}$ 为最小割向量。最小割向量对应的底事件集合 $C_1(\underline{X})$ 称为最小割集。由此可见，最小割集是指属于它的底事件都发生就能使顶事件发生的必要的底事件的集合。

若状态向量 $\underline{X}$ 能使 $\Phi(\underline{X}) = 0$，则称 $\underline{X}$ 为路向量。而路向量 $\underline{X}$ 对应的底事件集合 $C_0(\underline{X})$ 称

为路集。而所谓的最小路向量 $\underline{X}$，必须满足 $\underline{X}$ 是路向量，同时满足 $\underline{Z} < \underline{X}$ 的任意向量 $\underline{Z}$ 能使 $\Phi(\underline{X})=1$ 成立。最小路向量对应的底事件集合 $C_0(\underline{X})$ 称为最小路集。最小路集是指属于它的底事件都不发生就能保证顶事件不发生的必要的底事件的集合。

2. 最小割集的求取

求最小割集的方法很多，对于简单的故障树可以通过目视判断，也可以用布尔代数运算将 $\Phi(\underline{X})$ 变成乘积的和，每个乘积就是一个最小割集。对于大型复杂故障树，则要用计算机加以计算。下面介绍几种常用算法。

1）赛迈特里斯（Semanderes）算法（上行法）

这是由赛迈特里斯研制（1972 年）并在 ELRAFT 型计算机上使用的最小割集算法，即对给定的故障树从最后一级的中间事件开始，依次往上进行计算，直至顶事件。如果中间事件是用与门把底事件联系在一起的，就用式（7-10）计算；如果中间事件是用或门把底事件联系在一起的，就用式（7-11）计算。在所得的计算结果中，如果有相同底事件出现，就用布尔代数运算加以简化。

对于如图 7-13 所示的故障树，可以写为

$$
\begin{aligned}
T &= (x_1 + x_2 + x_3)(x_3 + x_4)(x_1 + x_4) \\
&= (x_1 x_3 + x_1 x_4 + x_2 x_3 + x_2 x_4 + x_3 + x_3 x_4)(x_1 + x_4) \\
&= x_1 x_3 + x_1 x_4 + x_1 x_2 x_3 + x_1 x_2 x_4 + x_1 x_3 x_4 + x_2 x_3 x_4 + x_2 x_4 + x_3 x_4
\end{aligned}
\tag{7-18}
$$

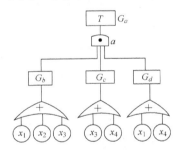

图 7-13　故障树举例

得到 8 个割集，再用布尔代数运算中的吸收律化简，得

$$
T = x_1 x_3 + x_1 x_4 + x_2 x_4 + x_3 x_4
\tag{7-19}
$$

即该故障树有 4 个最小割集，其等价故障树如图 7-14 所示。

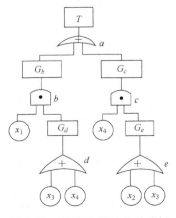

图 7-14　图 7-13 的等价故障树

2）富塞尔（Fussell）算法（下行法）

富塞尔在 1972 年提出了求最小割集的另一种算法，即从故障树的顶事件开始，由上到下，依次把上一级事件置换为下一级事件，遇到与门时将输入事件横向排列写出，遇到或门时将输入事件竖向排列写出，直到把全部逻辑门都置换为底事件为止，由此可以得到故障树的全部割集。

以图 7-13 所示的故障树为例，进行 Fussell 推算，过程如图 7-15 所示。由结果可见，两种方法所得结果相同。

图 7-15　Fussell 推算过程

3. 最小路集的求取

当最小割集的数量太多，分析不便时，可以通过最小路集来分析。直接依据故障树求取最小路集比较困难，一般借助故障树的对偶树来求取。

对偶树（Dual Fault Tree）表示故障树中的全部事件都不发生时，这些事件的逻辑关系，它是系统的成功树。

将已知故障树变为对偶树的方法是，将每个事件都变成其对立事件，将全部或门变成与门，将全部与门变成或门。

对偶树具有如下性质：

（1）对偶树的全部最小割集是故障树的全部最小路集，并且是一一对应的，其逆命题也成立。

（2）设对偶树的结构函数为 $\Phi^D(\underline{X})$，故障树的结构函数为 $\Phi(\underline{X})$，则有式（7-20）

$$\Phi^D(\underline{X}) = 1 - \Phi(1 - \underline{X}) \tag{7-20}$$

其中，$1 - \underline{X} = (1 - x_1, 1 - x_2, \cdots, 1 - x_n)$。

由于对偶树的最小割集是故障树的最小路集，因此可以通过求对偶树的最小割集来求故障树的最小路集。方法是先画出故障树的对偶树，再求对偶树的最小割集，最后写出原故障树的最小路集。

4. 用最小割集和最小路集表示的结构函数

1）用最小割集表示的结构函数

在故障树中，只要有任何一个最小割集发生，顶事件就发生。因此，可以用最小割集表示结构函数。

假定给出的故障树有 r 个最小割集，表示为 $\underline{C} = (c_1, c_2, \cdots, c_r)$，割集 c_j（$j = 1, 2, \cdots, r$）的二值结构函数用式（7-21）表示

$$c_j(\underline{X}) = \prod_{x_i \in c_j} x_i \tag{7-21}$$

将属于 c_j 的全部底事件用与门连接起来的结构称为最小割与门结构。由于 $c_j(\underline{X})$ 是第 j 个最小割集的结构函数，因此只有属于 c_j 的全部底事件发生时，才能使 $c_j = 1$，这时顶事件发生。在 r 个最小割集中只要有一个最小割集发生，顶事件就发生，所以故障树的结构函数可以写成式（7-22）

$$\Phi(\underline{X}) = \sum_{j=1}^{r} c_j(\underline{X}) = \sum_{j=1}^{r} \prod_{x_i \in c_j} x_i \tag{7-22}$$

2）用最小路集表示的结构函数

设已知故障树有 m 个最小路集，表示为 $\underline{B} = (b_1, b_2, \cdots, b_m)$，最小路集 b_j（$j = 1, 2, \cdots, m$）不发生时对应的二值结构函数用式（7-23）表示

$$b_j = \prod_{i \in m} x_i \tag{7-23}$$

该式对应的属于第 j 个最小路集的全部底事件中只要有一个发生，最小路集就不发生。

如果故障树的全部最小路集都不发生，那么顶事件就发生。所以，故障树的结构函数可以用最小路集表示为

$$\Phi(\underline{X}) = \prod_{j=1}^{m} b_j(\underline{X}) = \prod_{j=1}^{m} \sum_{x_i \in b_j} x_i \tag{7-24}$$

在定性分析故障树时，需要将全部最小割集列举出来，以便找出最重要、最危险的最小割集，然后通过分析最小割集发生的概率就能确定故障树中最薄弱的环节。

7.3.2　故障树的定量分析

所谓故障树的定量分析，就是以故障树为基础，分析系统故障的发生概率及各底事件的重要程度，包括结构重要度、概率重要度和关键重要度等定量指标。

故障树定量分析的主要任务是求顶事件发生的概率和底事件的重要度。

1．概率计算的基本公式

设事件 $x_1, x_2, \cdots, x_n$ 的发生概率分别是 $P_1, P_2, \cdots, P_n$。

（1）当 $x_1, x_2, \cdots, x_n$ 为相互独立的事件时，有式（7-25）和式（7-26）成立

$$P(\sum_{i=1}^{n} x_i) = 1 - \prod_{i=1}^{n}(1 - P_i) \tag{7-25}$$

$$P(\prod_{i=1}^{n} x_i) = \prod_{i=1}^{n} P_i \tag{7-26}$$

（2）当 $x_1, x_2, \cdots, x_n$ 为相斥事件时，有式（7-27）和式（7-28）成立

$$P(\sum_{i=1}^{n} x_i) = \sum_{i=1}^{n} P_i \tag{7-27}$$

$$P(\prod_{i=1}^{n} x_i) = 0 \tag{7-28}$$

（3）当 $x_1, x_2, \cdots, x_n$ 为相容事件时，有式（7-29）和式（7-30）成立

$$P(\sum_{i=1}^{n} x_i) = \sum_{i=1}^{n} P(x_i) - \sum_{i<j=2}^{n} P(x_i x_j) + \sum_{i<j<k=3}^{n} P(x_i x_j x_k) + \cdots + (-1)^{n-1} P(x_1 x_2 \cdots x_n) \tag{7-29}$$

$$P(\prod_{i=1}^{n} x_i) = P(x_1)P(x_2/x_1)P(x_3/x_1x_2)\cdots P(x_n/x_1x_2\cdots x_{n-1}) \tag{7-30}$$

实际计算时，当 $P_i < 0.1$，$i = 1, 2, \cdots, n$ 时，相容事件近似于独立事件；当 $P_i < 0.01$，$i = 1, 2, \cdots, n$ 时，相容事件近似于相斥事件。

在应用上述公式计算系统故障的概率时，如果故障树中包含两个以上相同的底事件，那么必须应用逻辑代数运算整理化简后，才能使用以上概率计算公式。

2．顶事件发生概率的计算

一般计算顶事件发生的概率是在底事件发生的概率和底事件的重要度已知的条件下进行的。

求顶事件发生的概率有多种方法，这里介绍由最小割集结构函数求顶事件发生概率的方法。该方法的基本思路是：将故障树的结构函数表示成最小割集和的形式，然后应用概率计算的基本公式求出系统故障发生的概率。即将系统的最小割集结构函数表示成

$$\Phi(x) = \sum_{i=1}^{k} M_i(x) \tag{7-31}$$

式中，k 为最小割集数；$M_i(x)$ 为某一最小割集，其定义为

$$M_i(x) = \prod_{x_j \in M_i} x_j \tag{7-32}$$

系统顶事件发生的概率，即使 $\Phi(x) = 1$ 的概率，为

$$g(P) = P\left\{\sum_{i=1}^{k} M_i(x) = 1\right\} \tag{7-33}$$

对于图 7-13 所示的故障树，设底事件 x_1, x_2, x_3, x_4 发生的概率分别为 $P_1 = 0.01$，$P_2 = 0.005$，$P_3 = 0.02$，$P_4 = 0.03$，将各最小割集看作相斥事件，于是系统顶事件（故障）发生的概率为

$$\begin{aligned}
g(P) &= P\left\{\sum_{i=1}^{k} M_i(x) = 1\right\} \\
&= P_1P_3 + P_1P_4 + P_2P_4 + P_3P_4 \\
&= 0.01 \times 0.02 + 0.01 \times 0.03 + 0.005 \times 0.03 + 0.02 \times 0.03 \\
&= 0.00125
\end{aligned}$$

3．底事件重要度的计算

故障树的各个底事件（或最小割集）对顶事件发生的影响称为底事件（或最小割集）的重要度。研究底事件的重要度，对改善系统设计、提高系统的可靠性、确定故障监测的部位、制定系统故障诊断方案、减少排除故障的时间等具有重要意义。

一个故障树往往包含多个底事件，为了比较它们在故障树中的重要程度，在故障树的定量分析中需要进行结构重要度、概率重要度和关键重要度的计算。

1）结构重要度

某个底事件的结构重要度，是在不考虑其发生概率的情况下，观察故障树的结构，以确定该事件的位置重要程度。底事件 $x_i (i = 1, 2, \cdots, n)$ 的状态取 0 或 1，当 x_i 处于某一状态时，其余 $n-1$ 个底事件组合的系统状态数为 2^{n-1}。因此，第 i 个底事件 x_i 的结构重要度定义为

$$I_\Phi(i) = \frac{1}{2^{n-1}}\left[\sum \Phi(1_i, x) - \sum \Phi(0_i, x)\right] \tag{7-34}$$

式中　$\Phi(1_i, x) = (x_1, x_2, \cdots, x_{i-1}, 1, x_{i+1}, \cdots, x_n)$，即第 i 个底事件为 1。

$\Phi(0_i, x) = (x_1, x_2, \cdots, x_{i-1}, 0, x_{i+1}, \cdots, x_n)$，即第 i 个底事件为 0。

在该定义中，$\sum \Phi(1_i, x)$ 表示底事件 x_i 和顶事件同时发生的状态组合数目，即 $x_i = 1$，$\Phi(x) = 1$。$\sum \Phi(0_i, x)$ 表示底事件 x_i 不发生而顶事件发生的状态组合数目，即 $x_i = 0$，$\Phi(x) = 1$。两者相减表示底事件 x_i 发生则顶事件发生，且底事件 x_i 不发生则顶事件也不发生（其他底事件不变）的情况。由于这些状态组合与顶事件发生与否密切相关，因此可以利用其数目与系统总状态数之比来表示底事件 x_i 的结构重要度。

以图 7-13 所示的故障树为例来说明结构重要度的计算方法。

对于底事件 1 来说，首先找出底事件 1 和顶事件同时发生的集合，即 $\Phi(1_1, x) = 1$，有(1001)、(1010)、(1011)、(1101)、(1110)、(1111)共 6 个，再找出底事件 1 不发生而顶事件发生的集合，即 $\Phi(0_1, x) = 1$，有(0011)、(0101)、(0111)共 3 个，于是可得底事件 1 的结构重要度为

$$I_\Phi(1) = \frac{1}{2^{4-1}}(6 - 3) = \frac{3}{8}$$

同理可得底事件 2、底事件 3 和底事件 4 的结构重要度分别为

$$I_\Phi(2) = \frac{1}{2^{4-1}}(5 - 4) = \frac{1}{8}$$

$$I_\Phi(3) = \frac{1}{2^{4-1}}(6 - 3) = \frac{3}{8}$$

$$I_\Phi(4) = \frac{1}{2^{4-1}}(7 - 2) = \frac{5}{8}$$

可见，该故障树中底事件 4 最重要，底事件 2 最不重要。

2）概率重要度

将底事件 x_i 发生概率的变化引起顶事件发生概率变化的程度定义为该底事件的概率重要度，记作 $I_g(i)$，其数学表达式为

$$I_g(i) = \frac{\partial g(P)}{\partial P_i} \tag{7-35}$$

式中　　$g(P)$ ——顶事件发生的概率；

　　　　P_i ——底事件 x_i 发生的概率。

一般情况下，有

$$g(P) = P_i g(1_i, P) + (1 - P_i) g(0_i, P) \tag{7-36}$$

因此，底事件 x_i 的概率重要度为

$$I_g(i) = g(1_i, P) - g(0_i, P) \tag{7-37}$$

式中　　$g(1_i, P)$ ——底事件发生时顶事件发生的概率；

　　　　$g(0_i, P)$ ——底事件不发生时顶事件发生的概率。

由式（7-35）可得顶事件发生概率 $g(P)$ 的变化量 $\Delta g(P)$ 与底事件发生概率的变化量之间的近似关系为

$$\Delta g(P) = \sum_{i=1}^{n} I_g(i) \Delta P_i \tag{7-38}$$

由此可见，若能使概率重要度大的底事件的发生概率有较小的下降，就能使顶事件的发生概率降低。

图 7-13 所示的故障树中各底事件的概率重要度（假定 $P_1 = 0.01$，$P_2 = 0.005$，$P_3 = 0.02$，

$P_4 = 0.03$）可以用如下方法求得。

对于底事件 1，找出只有底事件 1 发生时顶事件才发生的事件组合，为(1001)、(1010)和(1110)。

将各底事件看成相互独立事件，将各事件组合看成相斥事件，应用式（7-37）可得底事件1的概率重要度为

$$
\begin{aligned}
I_g(1) &= \overline{P_2}\,\overline{P_3}P_4 + \overline{P_2}P_3\overline{P_4} + P_2P_3\overline{P_4} \\
&= \overline{P_2}\,\overline{P_3}P_4 + P_3\overline{P_4} \\
&= 0.995 \times 0.98 \times 0.03 + 0.02 \times 0.97 \\
&= 0.048653 \\
&\approx 0.049
\end{aligned}
$$

同理可得底事件 2、底事件 3 和底事件 4 的概率重要度分别为

$$
\begin{aligned}
I_g(2) &= \overline{P_1}\,\overline{P_3}P_4 \\
&= 0.99 \times 0.98 \times 0.03 \\
&= 0.029106 \\
&\approx 0.029
\end{aligned}
$$

$$
\begin{aligned}
I_g(3) &= \overline{P_1}\,\overline{P_2}P_4 + P_1\overline{P_2}\,\overline{P_4} + P_2P_3\overline{P_4} \\
&= \overline{P_1}\,\overline{P_2}P_4 + P_1\overline{P_4} \\
&= 0.99 \times 0.995 \times 0.03 + 0.01 \times 0.97 \\
&= 0.0392515 \\
&\approx 0.039
\end{aligned}
$$

$$
\begin{aligned}
I_g(4) &= \overline{P_1}\,\overline{P_2}P_3 + \overline{P_1}P_2\overline{P_3} + \overline{P_1}P_2P_3 + P_1P_2\overline{P_3} + P_1\overline{P_2}\,\overline{P_3} + P_1\overline{P_2}\,\overline{P_3} \\
&= \overline{P_1}P_2 + P_1\overline{P_3} + \overline{P_1}\,\overline{P_2}P_3 \\
&= 0.99 \times 0.005 + 0.01 \times 0.98 + 0.99 \times 0.995 \times 0.02 \\
&= 0.034451 \\
&\approx 0.034
\end{aligned}
$$

即 $I_g(1) > I_g(3) > I_g(4) > I_g(2)$。

3）关键重要度

将底事件 x_i 发生概率变化率的改变引起顶事件发生概率变化率的改变程度定义为该底事件的关键重要度，记作 $I_c(i)$，数学表达式为

$$
I_c(i) = \frac{\partial \ln g(P)}{\partial \ln P_i} = \frac{\partial g(P) P_i}{g(P) \partial P_i} \tag{7-38}
$$

即关键重要度是顶事件发生概率与底事件发生概率变化率之比。式中，$g(P)$ 为顶事件发生的概率。

关键重要度 $I_c(i)$ 与概率重要度的关系为

$$
I_c(i) = \frac{P_i}{g(P)} I_g(i) \tag{7-39}
$$

以图 7-13 所示的故障树为例，前面已求得顶事件发生的概率为 $g(P) = 1.25 \times 10^{-3}$，于是可得底事件 x_1、x_2、x_3、x_4 的关键重要度分别是

$$I_c(1) = \frac{P_1}{g(p)} I_g(1) = \frac{0.01}{1.25 \times 10^{-3}} \times 0.049 = 0.392$$

$$I_c(2) = \frac{P_2}{g(P)} I_g(2) = \frac{0.005}{1.25 \times 10^{-3}} \times 0.029 = 0.116$$

$$I_c(3) = \frac{P_3}{g(P)} I_g(3) = \frac{0.02}{1.25 \times 10^{-3}} \times 0.039 = 0.624$$

$$I_c(4) = \frac{P_4}{g(P)} I_g(4) = \frac{0.03}{1.25 \times 10^{-3}} \times 0.034 = 0.816$$

即 $I_c(4) > I_c(3) > I_c(1) > I_c(2)$。

可见，与概率重要度相比，底事件1的重要性降低了。可以看出，改变原来发生概率大的事件要比改变原来发生概率小的事件重要。

7.4 故障树分析法应用举例

目前，故障树分析法在电气系统、电子系统及机电系统中已经得到相当成熟的应用，但是对于纯机械液压系统，由于系统的特殊性，实际应用还不够广泛。下面以航空发动机 WP7 主燃油系统中的加速调节系统故障树为例，说明故障树分析法在纯机械液压系统中的应用特点。

纯机械液压系统是一个无余度、无储备的系统，若按电气系统建立故障树，则势必导致故障树中无与门。而对于只有或门的故障树来说，所有底事件都是单事件最小割集，这样就失去了故障树分析的意义。但是，在实际维护工作中，除考虑部件失效程度的不同和失效影响的大小外，还应考虑人为因素和环境条件的影响，而这些都会在系统中产生与门。

经过具体机理分析，按照故障树的建树原则和要求，忽略管路失效和次因失效，不考虑人为因素和环境条件的影响，着重考虑部件失效程度的不同和失效影响的大小，建立了如图 7-16 所示的加速调节系统故障树。

图中各事件的意义如下。

中间事件分别是：

T——加速调节失效；

B_1——加速时间过长；

B_2——加速时喘振停车；

B_3——升压限制器活塞左移较慢；

B_4——升压限制器控制的加速时间长；

B_5——供油量增加慢；

B_6——延迟器控制的加速时间长；

B_8——中室容积减小；

B_9——随动活塞左移速度慢；

B_{10}——油泵效率下降；

B_{11}——填充损失大；

B_{12}——填充损失大；

B_{13}——延迟器活塞左移较慢；

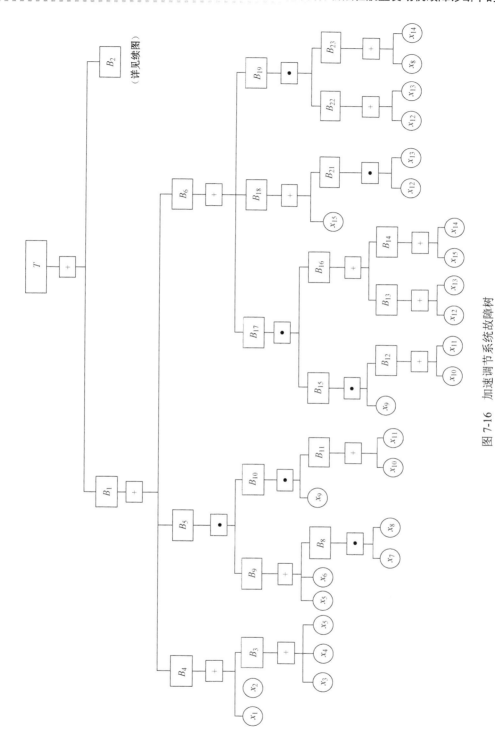

图 7-16　加速调节系统故障树

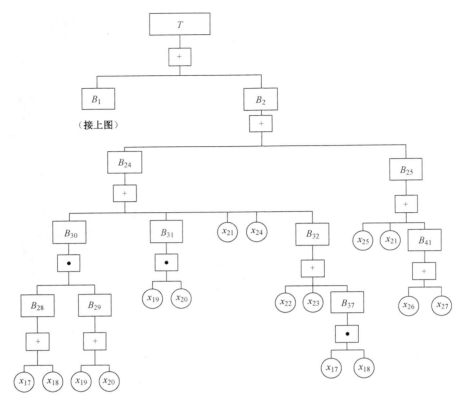

图 7-16　加速调节系统故障树（续）

B_{14}——随动活塞左移较慢；

B_{15}——油泵效率下降；

B_{16}——加速时间较长；

B_{17}——油泵效率下降后加速时间过长；

B_{18}——延迟器活塞左移较慢；

B_{19}——延迟器活塞和随动活塞都左移较慢；

B_{21}——延迟节流器流量小但加速时间未超过规定；

B_{22}——延迟器活塞左移较慢；

B_{23}——随动活塞左移较慢；

B_{24}——升压限制器控制的加速时间短；

B_{25}——延迟控制器的加速时间短；

B_{28}——活塞右室油压上升较快；

B_{29}——开门力量较小；

B_{30}——升压限制器活门关闭过早；

B_{31}——活门开门力量小；

B_{32}——升压限制器活塞右室油压上升快；

B_{37}——油压阻力小；

B_{41}——延迟器活塞和随动活塞左移较快。

底事件分别是:

x_1——分配器弹簧太紧;

x_2——升压限制器活塞卡在右边;

x_3——2 号节流器流量小;

x_4——1 号节流器流量小;

x_5——回输节流器流量小;

x_6——分油活门弹簧疲乏;

x_7——中室弹簧疲乏;

x_8——回输节流器流量较小;

x_9——泄漏大;

x_{10}——油液中气泡多;

x_{11}——柱塞弹簧疲乏;

x_{12}——延迟节流器流量较小;

x_{13}——延迟器活塞橡皮老化;

x_{14}——随动活塞橡皮老化;

x_{15}——延迟节流器流量小;

x_{17}——1 号节流器流量较大;

x_{18}——2 号节流器流量较大;

x_{19}——分配器弹簧松;

x_{20}——活门磨损泄漏;

x_{21}——回输节流器流量大;

x_{22}——2 号节流器流量较大;

x_{23}——1 号节流器流量较大;

x_{24}——升压限制器活门卡在左边;

x_{25}——延迟节流器流量大;

x_{26}——延迟节流器流量较大;

x_{27}——回输节流器流量较大。

加速调节系统的故障会直接影响发动机的工作状态,因此,可以把引起发动机故障的这些失效后果作为故障事件。例如,加速调节系统失效会使发动机加速时间过长或加速时间过短,引起喘振,下面就以这两个故障后果作为一级故障事件。

该故障树用 Fussell 算法求得最小割集:

(x_1)、(x_2)、(x_3)、(x_4)、(x_5)、(x_6, x_9, x_{10})、(x_6, x_9, x_{11})、(x_7, x_8, x_9, x_{10})、(x_7, x_8, x_9, x_{11})、(x_9, x_{10}, x_{12})、(x_9, x_{11}, x_{12})、(x_9, x_{10}, x_{13})、(x_9, x_{11}, x_{13})、(x_9, x_{10}, x_{14})、(x_9, x_{11}, x_{14})、(x_{15})、(x_{12}, x_{13})、(x_{12}, x_8)、(x_{13}, x_8)、(x_{12}, x_{14})、(x_{13}, x_{14}) 、(x_{19})、(x_{20})、(x_{21})、(x_{22})、(x_{23})、(x_{24})、(x_{25})、(x_{17}, x_{18})、(x_{26}, x_{27})。

在计算机上进行可靠性系统仿真后,所得结果与定性分析一致。升压限制器活门、燃油分配器、1 号节流器和 2 号节流器、回输节流器和延迟节流器的故障情况都是相符的。因此,无论是设计制造还是维修监控,都应该把重点放在这几个部件上。

在该故障树的定量分析中,发现零部件可靠性试验的有关数据对分析结果非常重要,是确保定量分析准确性的关键所在。因此,要成功地对一个系统进行故障树分析,必须掌握大量可靠的基础数据。

思考题

1. 故障树分析法的特点是什么？
2. 故障树定性分析的主要目的是什么？
3. 故障树定量分析的主要目的是什么？
4. 什么是割集？什么是最小割集？
5. 什么是关键重要度？什么是结构重要度？什么是概率重要度？

第8章 模糊诊断方法原理及应用

模糊理论最初是由美国科学家扎德在 1965 年提出的,其目的是为描述与处理广泛存在的不精确的、模糊的事件和概念提供相应的理论工具。该理论经过不断发展,目前已经形成了有关纯粹数学和应用数学的诸多分支,包括拓扑学、图论、系统决策、自动控制、模式识别等,应用成果不断出现,尤其是基于模糊理论的模糊逻辑系统,为解决复杂系统的故障诊断问题提供了重要的理论方法和实现工具。

8.1 模糊信息及其处理

模糊数学的创始人扎德提出的"不相容原理"指出,"当系统的复杂性增加时,我们使之精确和有效地描述其行为的能力就减少,当达到某一阈值时,精确性和复杂性变得互相排斥。"

也就是说,复杂系统本身存在不确定性,包括随机意义下的不确定性及系统内涵和外延上的不确定性。因此,系统越复杂,就越难以对它进行精确描述。复杂系统的这种不确定性(或"亦此亦彼"性)即模糊性。

随着现代科学技术的飞速发展,航空机械设备越来越复杂化,根据扎德的"不相容原理",航空机械设备系统的模糊性也越强。因此,在对设备进行状态监控和故障诊断时,必须运用模糊数学这一新的数学工具来分析处理设备状态监控和故障诊断中各个环节所遇到的各种模糊信息,才能对它们进行科学的、定量的处理和解释。

8.1.1 模糊现象及其描述

"模糊"(Fuzzy)的原意为"毛茸茸""边界不清"。所谓模糊,是指在质上没有确切的含义,在量上也没有明确的界限,即边界不清晰。

在实际工作中存在大量的模糊概念,如"材料强度高""滑油消耗量大""设备技术先进"等。如"材料强度高"这个概念,$[\sigma] = 200$ MPa 算高,那么 $[\sigma] = 300$ MPa 或 $[\sigma] = 100$ MPa 算不算高?这时,如果硬套一个数字来规定它,就歪曲了它的客观属性。所以,这种边界不清的模糊概念,也是事物的一种客观属性,它说明差异之间存在过渡过程。描述模糊概念,或者对模糊概念进行逻辑运算,必须用专门的数学方法。

对不同属性的事物需要用不同的描述方法。在数学中描述量与量之间的关系有三条途径:一是经典数学分析和集合论,用于描述与度量"确定性"的量和有清晰界限的事物,其研究对象和计算结果绝不允许模棱两可;二是概率论与数理统计,用于研究事先不能确定其发生与否的随机事件;三是模糊数学,用于描述和研究其内涵和外延都不分明的事物。

用模糊数学，能够定量地描述客观存在的模糊现象，合理准确地刻画模糊性事物之间的关系。模糊事件和随机事件在概念上有本质的区别。对于随机事件，虽然不能事先确定其发生与否，但事件本身的含义是清晰明确的。如"振动加速度超过5g"这一事件，它何时发生不能确定，但这一事件的含义是明确的。这种不确定的因果关系，可以用事件发生的概率统计模型来解决。模糊事件则不同，其不确定性在于其概念的边界模糊不清，发生的时机是确定的。

8.1.2　模糊集合的基本概念

经典集合论要求一个对象对于一个集合来说要么属于，要么不属于，两者必居其一且仅居其一。但是，就人们对客观现象的认识和描述而言，大多数情况下并不具有这种"非此即彼"性，这时所研究对象的集合并没有一个明确的边界。

下面观察一个随机事件，如"主冷气系统压力小于130PSI"，事件"小于130PSI"的含义是清晰的，尽管对某一主冷气系统来说该事件可能发生也可能不发生。如果说"冷气压力较低"，那么"较低"本身的含义就不清晰了。冷气压力小于100PSI时当然称"较低"，那么冷气压力小于105PSI算不算"较低"呢？因此，"较低"这一事件即一个模糊事件。对于这类情况，过于简单地提取特征，就会歪曲事物本身的规律。

在经典集合论中，对于论域U中的任意一个元素u与集合A来说，它们之间的关系只有$u \in A$和$u \notin A$这两种情况，二者必居且仅居其一。如果用函数来表示，那么有

$$x_A(u) = \begin{cases} 1, & u \in A \\ 0, & u \notin A \end{cases} \tag{8-1}$$

这里函数x_A称为集合A的特征函数。为了以后讨论方便，也称A的特征函数x_A为A的隶属函数。x_A在u处的值$x_A(u)$称为A的隶属度。当u属于A时，u的隶属度$x_A(u) = 1$，表示u绝对隶属于A；当u不属于A时，u的隶属度$x_A(u) = 0$，表示u绝对不隶属于A。

模糊集合论则把集合A的隶属函数在u上的值，即u对A的隶属度，从0或1扩充为[0,1]闭区间。在这里，把A的隶属函数记为μ_A。

如果论域U中的任意元素u对A的隶属函数μ_A在u上都对应着一个值$\mu_A(u)$，且$\mu_A(u)$满足$0 \leqslant \mu_A(u) \leqslant 1$，即$\mu_A(u) \in [0,1]$，就说隶属函数$\mu_A$确定了论域$U$上的一个模糊子集$\underset{\sim}{A}$，或者简称模糊集$\underset{\sim}{A}$；$\mu_A(u)$称为$u$对于模糊集$\underset{\sim}{A}$的隶属度。

【例8.1】　模糊集"年老$\underset{\sim}{A}$"和"年轻$\underset{\sim}{B}$"的隶属函数。

年老和年轻都是模糊概念。在这里，论域U=年龄，取值范围是$u = \{0,150\}$。$\underset{\sim}{A}$和$\underset{\sim}{B}$的隶属函数如图8-1所示。

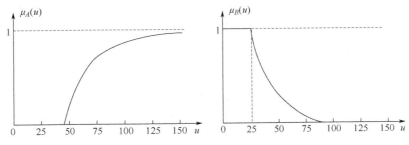

图8-1　$\underset{\sim}{A}$和$\underset{\sim}{B}$的隶属函数

有了隶属函数，模糊集 $\underset{\sim}{A}$ 就完全由其隶属函数所刻画，即用 $\underset{\sim}{A}$ 的隶属函数在 u 上的一系列取值——隶属度来描述。

【例 8.2】 用模糊集 $\underset{\sim}{A}$ 表示"冷气压力较低"这一模糊事件，考察 4 个冷气压力值，$u_1 = 80\text{PSI}$，$u_2 = 100\text{PSI}$，$u_3 = 120\text{PSI}$，$u_4 = 150\text{PSI}$，以 $\mu_A(u_i)$（$i = 1,2,3,4$）表示某一冷气压力值隶属于模糊集 $\underset{\sim}{A}$ 的程度，暂且直观地给出 $u_A(u_1) = 1$，$u_A(u_2) = 0.5$，$u_A(u_3) = 0.3$，$u_A(u_4) = 0$。这里，μ_A 为隶属函数，μ_A 刻画了"冷气压力较低"这一事件，$\underset{\sim}{A}$ 称为论域 $U = \{u_1, u_2, u_3, u_4\}$ 上的一个模糊子集，可表示为 $\underset{\sim}{A} = (1, 0.5, 0.3, 0)$

8.1.3 模糊子集的运算

两个模糊子集间的运算，实际上就是逐元对隶属度进行相应的运算，运算规则如下：

（1） $\underset{\sim}{A} = \phi \Leftrightarrow$ 对 $\forall u \in U$，$u_A(u) = 0$；

（2） $\underset{\sim}{A} = \underset{\sim}{B} \Leftrightarrow$ 对 $\forall u \in U$，$u_A(u) = u_B(u)$；

（3） $\overline{\underset{\sim}{A}} \Leftrightarrow$ 对 $\forall u \in U$，$u_A(u) = 1 - u_A(u)$；

（4） $\underset{\sim}{A} \subseteq \underset{\sim}{B} \Leftrightarrow$ 对 $\forall u \in U$，$u_A(u) \leqslant u_B(u)$；

（5） $\underset{\sim}{C} = \underset{\sim}{A} \bigcup \underset{\sim}{B} \Leftrightarrow$ 对 $\forall u \in U$，$u_C(u) = \max[u_A(u), u_B(u)]$；

（6） $\underset{\sim}{D} = \underset{\sim}{A} \bigcap \underset{\sim}{B} \Leftrightarrow$ 对 $\forall x \in U$，$u_D(x) = \min[u_A(x), u_B(u)]$；

（7）为运算方便起见，常用符号"$\vee$"代替 max，称为最大运算，常用符号"$\wedge$"代替 min，称为最小运算，如 $0.8 \vee 0.4 = 0.8$ 和 $0.8 \wedge 0.4 = 0.4$。

【例 8.3】 设论域 $U = \{u_1, u_2, u_3, u_4\}$，模糊子集 $\underset{\sim}{A} = \{$排气温度高$\}$，$\underset{\sim}{B} = \{$排气温度低$\}$，并设 $\mu_1 = 950\text{K}$，$\mu_2 = 750\text{K}$，$\mu_3 = 600\text{K}$，$\mu_4 = 540\text{K}$，$\mu_5 = 500\text{K}$，其相应于各子集的隶属度规定为（采用扎德记号表示）

$$\underset{\sim}{A} = \left\{ \frac{1}{u_1} + \frac{0.8}{u_2} + \frac{0.3}{u_3} + \frac{0.2}{u_4} + \frac{0}{u_5} \right\}$$

$$\underset{\sim}{B} = \left\{ \frac{0}{u_1} + \frac{0.1}{u_2} + \frac{0.2}{u_3} + \frac{0.8}{u_4} + \frac{1}{u_5} \right\}$$

（1）求 $\overline{\underset{\sim}{A}} = \{$排气温度不高$\}$ 和 $\overline{\underset{\sim}{B}} = \{$排气温度不低$\}$。

$$\overline{\underset{\sim}{A}} = \left\{ \frac{0}{u_1} + \frac{0.2}{u_2} + \frac{0.7}{u_3} + \frac{0.8}{u_4} + \frac{1}{u_5} \right\}$$

$$\overline{\underset{\sim}{B}} = \left\{ \frac{1}{u_1} + \frac{0.9}{u_2} + \frac{0.8}{u_3} + \frac{0.2}{u_4} + \frac{0}{u_5} \right\}$$

（2）求 $\overline{\underset{\sim}{A}} \bigcap \overline{\underset{\sim}{B}} = \{$排气温度不高也不低(正常)$\}$。

$$\mu_{A \cap B} = \min[\mu_A(u), \mu_B(u)]$$

$$\overline{\underset{\sim}{A}} \bigcap \overline{\underset{\sim}{B}} = \left\{ \frac{0 \wedge 1}{u_1} + \frac{0.2 \wedge 0.9}{u_2} + \frac{0.7 \wedge 0.8}{u_3} + \frac{0.8 \wedge 0.2}{u_4} + \frac{1 \wedge 0}{u_5} \right\}$$

$$= \left\{ \frac{0}{u_1} + \frac{0.2}{u_2} + \frac{0.7}{u_3} + \frac{0.2}{u_4} + \frac{0}{u_5} \right\}$$

（3）求 $\overline{\underset{\sim}{A}} \bigcup \overline{\underset{\sim}{B}} = \{$排气温度或高或低(排气温度失常)$\}$。

$$\mu_{\underset{\sim}{A} \cap \underset{\sim}{B}} = \max[\mu_{\underset{\sim}{A}}(u), \mu_{\underset{\sim}{B}}(u)]$$

$$\underset{\sim}{A} \cup \underset{\sim}{B} = \left\{ \frac{1 \vee 0}{u_1} + \frac{0.8 \vee 0.1}{u_2} + \frac{0.3 \vee 0.2}{u_3} + \frac{0.2 \vee 0.8}{u_4} + \frac{0 \vee 1}{u_5} \right\}$$

$$= \left\{ \frac{1}{u_1} + \frac{0.8}{u_2} + \frac{0.3}{u_3} + \frac{0.8}{u_4} + \frac{1}{u_5} \right\}$$

8.2　隶属函数的确定

由 8.1 节内容可见，模糊集完全由隶属函数刻画。因此，在航空发动机状态监控和故障诊断各个环节中所遇到的各种模糊信息，可以借助模糊数学中的隶属函数来描述和处理。应用模糊数学理论建立故障诊断模型，就是要正确地确立征兆与故障成因间的隶属关系，建立相应的模糊关系诊断矩阵。所以，正确地确定隶属函数是应用模糊数学理论定量地刻画模糊故障信息的基础，是解决航空发动机状态监控和故障诊断问题的首要条件。

8.2.1　概率统计与模糊统计

同概率统计中将事件 A 发生的频率定义为在 n 次试验中事件 A 发生的次数 m 与试验次数 n 的比值一样，在模糊统计中，在确定元素 u_0 对集合 A 的隶属度时，可以通过做大量的模糊统计试验来找出其统计规律。

（1）模糊统计试验的基本要求：在每次试验中，要对 u_0 是否属于 A 做一个确切的判断，即在每次试验中，A 必须是一个确切的普通集合。

（2）模糊统计试验的特点：如果在所做的 n 次试验中，元素 u_0 属于 A 的次数为 m，那么元素 u_0 对模糊集 $\underset{\sim}{A}$ 的隶属频率为

$$\text{元素 } u_0 \text{ 对模糊集}\underset{\sim}{A}\text{的隶属频率} = \frac{u_0 \text{属于}A\text{的次数}m}{\text{试验的总次数}n} \tag{8-2}$$

当试验次数 n 无限增大时，元素 u_0 对模糊集 $\underset{\sim}{A}$ 的隶属频率总是稳定于某个数，这个稳定的数称为元素 u_0 对模糊集 $\underset{\sim}{A}$ 的隶属度。

例如，设论域 $U = [400, 1000]$，A^* 为 "排气温度高"，是 U 上的一个运动着的、边界可变的普通集合。排气温度多大为高？这含义是不明确的。每次试验是在 U 中间固定一个元素 $u \in U$，如 $u = 600$ K，然后让大量专业人员分别评定此温度值是不是属于排气温度高这个集合 A^*。当然，每个人的评定不会都一样，有的人认为 "600 K 属于温度高"，即 $u \in A$，但也有人认为 "600 K 不属于温度高"，即 $u \notin A^*$。这样，u 对排气温度的隶属度 $\mu_{A^*}(u)$ 可表示为

$$\mu_{A^*}(u) = \lim \frac{u \in A^* \text{的次数}}{\text{总的试验次数}n} \tag{8-3}$$

式中，总的试验次数 n 就是参加评定的总人数。实践证明，随着 n 的增大，$\mu_{A^*}(u)$ 也会趋向 $[0,1]$ 闭区间的一个数，这个数就是隶属度。对所有不同的 $u \in U$，进行与上述类似的模糊统计，即得到与不同 u 相对应的隶属度，此即 U 上的模糊子集，$\underset{\sim}{A}^* = \{\text{排气温度高}\}$。

求隶属函数的方法有很多种，如模糊统计求法、隶属函数图表法和构造隶属函数的待定系数法。在此，只讨论模糊统计求法。

8.2.2　隶属函数的模糊统计求法

隶属函数的模糊统计求法是在模糊统计的基础上进行的，下面结合实例讲解这种求法的步骤。

【例 8.4】　设论域 $U=[400,1000]$，模糊子集 $\underset{\sim}{A}=\{$某工作状态排气温度较高$\}$，现请 60 名专业人员，在他们独立并认真地考虑了"排气温度较高"的含义之后，各自提出他们认为最符合"排气温度较高"的温度范围，这相当于进行了 60 次模糊统计试验，故样本总数 $n=60$，60 个人所提的温度范围如表 8-1 所示。

表 8-1　60 个人所提的温度范围

序号	温度	序号	温度	序号	温度	序号	温度	序号	温度	序号	温度
1	4.5～7.0 （×100 K）	11	5.2～9.5 （×100 K）	21	5.9～6.6 （×100 K）	31	6.0～6.5 （×100 K）	41	5.5～9.8 （×100 K）	51	4.8～6.5 （×100 K）
2	5.0～8.0 （×100 K）	12	6.1～7.2 （×100 K）	22	5.8～6.7 （×100 K）	32	6.0～6.8 （×100 K）	42	5.8～9.2 （×100 K）	52	4.0～7.1 （×100 K）
3	6.0～9.0 （×100 K）	13	6.3～7.8 （×100 K）	23	5.9～8.2 （×100 K）	33	6.1～7.3 （×100 K）	43	5.7～8.3 （×100 K）	53	4.6～8.7 （×100 K）
4	4.0～9.0 （×100 K）	14	6.0～10 （×100 K）	24	5.3～9.2 （×100 K）	34	6.2～8.1 （×100 K）	44	5.8～9.5 （×100 K）	54	5.8～9.0 （×100 K）
5	6.2～6.8 （×100 K）	15	5.0～6.5 （×100 K）	25	4.9～6.6 （×100 K）	35	6.3～8.2 （×100 K）	45	6.0～9.7 （×100 K）	55	5.9～7.1 （×100 K）
6	5.8～7.2 （×100 K）	16	6.1～7.3 （×100 K）	26	6.0～7.0 （×100 K）	36	6.3～7.6 （×100 K）	46	6.1～9.8 （×100 K）	56	6.0～8.0 （×100 K）
7	5.3～8.5 （×100 K）	17	6.3～8.0 （×100 K）	27	6.2～7.5 （×100 K）	37	6.2～7.8 （×100 K）	47	6.2～7.5 （×100 K）	57	6.0～6.0 （×100 K）
8	5.5～6.6 （×100 K）	18	6.2～10 （×100 K）	28	6.1～8.5 （×100 K）	38	6.1～9.0 （×100 K）	48	6.1～8.0 （×100 K）	58	6.1～9.0 （×100 K）
9	5.0～6.6 （×100 K）	19	6.2～6.6 （×100 K）	29	6.3～9.2 （×100 K）	39	6.2～6.5 （×100 K）	49	6.0～7.3 （×100 K）	59	6.2～9.7 （×100 K）
10	4.3～9.2 （×100 K）	20	6.0～6.8 （×100 K）	30	6.3～7.2 （×100 K）	40	6.0～10 （×100 K）	50	6.3～9.2 （×100 K）	60	6.2～9.5 （×100 K）

将表 8-1 中的数据按温度分组，并计算出频数，如 4.35～4.55（×100 K）共出现 3 次，故频数 $m=3$，因为试验了 $n=60$ 次，故最高频数为 60，相对频数为 $m/60$。现每隔 20 K 计算一次频数与相对频数，所得的频数分布见表 8-1。

表中的相对频数即每个温度区间所对应的隶属度。利用表 8-2 中的数据即可以画出"排气温度较高"的隶属函数曲线，如图 8-2 所示。由该曲线可知：在 $u_0=620$ K 时，对应的 $u_{\underset{\sim}{A}}(u_0)=1$。

表 8-2　频数分布

序号	分　组	频数	相对频数	序号	分　组	频数	相对频数	序号	分　组	频数	相对频数
01	4～4.35（×100 K）	2	0.033	11	6.15～6.35（×100 K）	60	1.000	21	8.15～8.35（×100 K）	26	0.433
02	4.35～4.55（×100 K）	3	0.050	12	6.35～6.55（×100 K）	60	1.000	22	8.35～8.55（×100 K）	23	0.383
03	4.55～4.75（×100 K）	3	0.050	13	6.55～6.75（×100 K）	55	0.917	23	8.55～8.75（×100 K）	21	0.350
04	4.75～4.95（×100 K）	7	0.117	14	6.75～6.95（×100 K）	51	0.850	24	8.75～8.95（×100 K）	21	0.350
05	4.95～5.15（×100 K）	10	0.167	15	6.95～7.15（×100 K）	48	0.800	25	8.95～9.15（×100 K）	21	0.350
06	5.15～5.35（×100 K）	13	0.217	16	7.15～7.35（×100 K）	48	0.800	26	9.15～9.35（×100 K）	17	0.283
07	5.35～5.55（×100 K）	15	0.250	17	7.35～7.55（×100 K）	37	0.617	27	9.35～9.55（×100 K）	12	0.200
08	5.55～5.75（×100 K）	16	0.267	18	7.55～7.75（×100 K）	35	0.583	28	9.55～9.75（×100 K）	8	0.133
09	5.75～5.95（×100 K）	23	0.383	19	7.75～7.95（×100 K）	34	0.567	29	9.75～10.0（×100 K）	4	0.067
10	5.95～6.15（×100 K）	42	0.700	20	7.95～8.15（×100 K）	32	0.533				

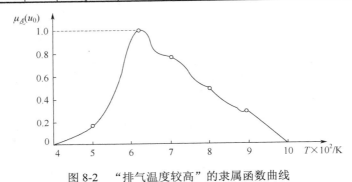

图 8-2　"排气温度较高"的隶属函数曲线

由例 8.4 可以看出，隶属函数的模糊统计求法的实质是，将外场发动机故障诊断中常用的自然语言以隶属度的形式进行数量化，使其更符合客观实际，即有效地总结了大量专业人员对征兆的表现程度的体会，避免了某一个人的偏见。

在进行上述模糊统计时，必须要求参与模糊统计的专业人员熟悉其所使用的自然语言的概念，并有用数量近似表达这一概念的能力。此外，对原始数据要进行初步分析，发现有明显不合乎逻辑的数据应作废。

8.3　模糊诊断方法

8.3.1　模糊模式识别方法

在故障诊断的范畴里，所谓"模式"是能够反映一类事物特征并能够与其他事物相区分的样板。模式识别就是对故障进行区分和归类以达到辨识目的的一种科学方法。故障诊断的模式识别由两个过程组成：一是学习过程，即把所研究系统的状态分为若干模式类；二是识别过程，即用模式类的样板对待检状态进行分类。

在故障诊断的实际问题中，如果诊断对象的故障、故障原因、征兆是明确、清晰和肯定的，即模式是明确、清晰和肯定的，就可以应用故障的模式识别诊断方法。而诊断对象的模式具有模糊性时，就可以用模糊模式识别方法来处理。模糊模式识别方法大致可以分为两种：一种是模糊模式识别的直接方法，另一种是模糊模式识别的间接方法。正确地提取状态特征并根据特征量构造判别函数是模式识别的关键步骤。

8.3.2　故障诊断模糊模式识别的直接方法

故障诊断模糊模式识别的直接方法就是直接根据隶属函数或隶属度进行判断。

设 U 是给定的待识别诊断对象全体的集合，U 中的每个诊断对象 u 都有 p 个特性指标 $u_1, u_2, \cdots, u_p$。于是由 p 个特性指标确定的每个诊断对象 u 可以记为

$$u = (u_1, u_2, \cdots, u_p) \tag{8-4}$$

此式称为诊断对象的特性向量。

待识别诊断对象集合 U 可以分为 n 个类别，且每个类别均是 U 上的一个模糊集，记作 $A_1, A_2, \cdots, A_n$，将它们称为模糊模式。

模糊模式识别的宗旨是把对象 $u = (u_1, u_2, \cdots, u_p)$ 划归到一个与其相似的类别 A_i 中。

当一个识别算法作用于诊断对象 u 时，就产生一组隶属度 $\mu_{A_1}(u), \mu_{A_2}(u), \cdots, \mu_{A_n}(u)$，它们分别表示诊断对象 u 隶属于类别 $A_1, A_2, \cdots, A_n$ 的程度。

建立了模糊模式的隶属函数组之后，就可以按照某种隶属原则对诊断对象 u 进行判断，指出它归属的类别。可采用的原则如下。

1. 最大隶属度原则

设 A 是给定论域 U 上的一个模糊子集，$u_1, u_2, \cdots, u_n$ 是论域 U 中的 n 个待选择诊断对象，若

$$\mu_A(u_i) = \max\left\{\mu_A(u_1), \mu_A(u_2), \cdots, \mu_A(u_n)\right\} \tag{8-5}$$

则认为 u_i 优先隶属于模糊子集 A（选其中隶属度最大者 u_i 优先隶属于 A）。

2. 最大隶属原则

设 $A_1, A_2, \cdots, A_n$ 是给定的论域 U 上的 n 个模糊子集（模糊模式），$u_0 \in U$ 是一个待识别的诊断对象，若 $\mu_{A_i}(u_0) = \max\left\{\mu_{A_1}(u_0), \mu_{A_2}(u_0), \cdots, \mu_{A_n}(u_0)\right\}$，则认为 u_0 优先隶属于 A_i。

3. 阈值原则

设给定的论域 U 上有 n 个模糊子集（模糊模式）$A_1, A_2, \cdots, A_n$，规定一个阈值（水平）$\lambda \in [0,1]$，$u_0 \in U$ 是一个待识别的诊断对象。

（1）若 $\max\left\{\mu_{A_1}(u_0), \mu_{A_2}(u_0), \cdots, \mu_{A_n}(u_0)\right\} < \lambda$，则进行"拒绝识别"的判决，应查找原因另做分析。

（2）若 $\max\left\{\mu_{A_1}(u_0), \mu_{A_2}(u_0), \cdots, \mu_{A_n}(u_0)\right\} \geq \lambda$，并且共有 k 个 $\mu_{A_{i1}}(u_0), \mu_{A_{i2}}(u_0), \cdots, \mu_{A_{ik}}(u_0)$ 大于或等于 λ，则认为识别可行，并将 u_0 划归于 $A_{i1} \cap A_{i2} \cap \cdots \cap A_{ik}$。

在实际诊断中，还可以将最大隶属原则和阈值原则结合起来应用。

8.3.3　故障诊断模糊模式识别的间接方法

在模糊模式识别的直接方法中，待识别的诊断对象是确定的单个元素，即所要识别的诊

断对象 U 是清楚的。但在故障诊断的实际问题中，有时待识别的诊断对象并不是确定的单个元素，而是论域 U 上的模糊子集，并且已知模式也是论域 U 上的模糊子集。这时所讨论的模糊模式识别问题就需要采用模糊模式识别的间接方法，按择近原则来处理。

设 U 是全体待识别诊断对象的集合，并且每个诊断对象 $\underset{\sim}{B}$ 均是 U 上的模糊子集，U 中的每个元素都有 p 个特性指标 $u_1, u_2, \cdots, u_p$。给定论域 U 上的 n 个已知模糊子集（模糊模式）$\underset{\sim}{A_1}, \underset{\sim}{A_2}, \cdots, \underset{\sim}{A_n}$，在判断待识别诊断对象 $\underset{\sim}{B}$ 应属于哪一个模糊模式 $\underset{\sim}{A_i} (i = 1, 2, \cdots, n)$ 时，需要确定 $\underset{\sim}{B}$ 与 $\underset{\sim}{A_i}$ 的贴近度 $\sigma(\underset{\sim}{B}, \underset{\sim}{A_i})$。按照择近原则对诊断对象 $\underset{\sim}{B}$ 进行分析，即可以判别出它应归属于哪一个模糊模式。

择近原则：设 $\underset{\sim}{A_1}, \underset{\sim}{A_2}, \cdots, \underset{\sim}{A_n}$ 为论域 U 上的 n 个模糊子集，$\underset{\sim}{B}$ 也是 U 上的一个模糊子集，若 $\sigma(\underset{\sim}{B}, \underset{\sim}{A_i}) = \max\{\sigma(\underset{\sim}{B}, \underset{\sim}{A_1}), \sigma(\underset{\sim}{B}, \underset{\sim}{A_2}), \cdots, \sigma(\underset{\sim}{B}, \underset{\sim}{A_n})\}$，则认为 $\underset{\sim}{B}$ 应归属于 $\underset{\sim}{A_i}$，这里 σ 是某一种贴近度。

表 8-3 和表 8-4 所示分别是几种常用的距离和几种常用的贴近度。

表 8-3　几种常用的距离

距离类型	数学表达式
海明距离	$d_1(\underset{\sim}{A}, \underset{\sim}{B}) = \dfrac{1}{n}\sum_{i=1}^{n}\left|\mu_{\underset{\sim}{A}}(u_i) - \mu_{\underset{\sim}{B}}(u_i)\right|$
欧几里得距离	$d_2(\underset{\sim}{A}, \underset{\sim}{B}) = \dfrac{1}{\sqrt{n}}\sqrt{\sum_{i=1}^{n}\left[\mu_{\underset{\sim}{A}}(u_i) - \mu_{\underset{\sim}{B}}(u_i)\right]^2}$
闵可夫斯基距离	$d_3(\underset{\sim}{A}, \underset{\sim}{B}) = \left[\dfrac{1}{n}\sum_{i=1}^{n}\left|\mu_{\underset{\sim}{A}}(u_i) - \mu_{\underset{\sim}{B}}(u_i)\right|^p\right]^{\frac{1}{p}}, \quad p \geqslant 1$
另一种形式的距离	$d_4(\underset{\sim}{A}, \underset{\sim}{B}) = \dfrac{\dfrac{1}{n}\sum_{i=1}^{n}\left|\mu_{\underset{\sim}{A}}(u_i) - \mu_{\underset{\sim}{B}}(u_i)\right|}{\dfrac{1}{n}\sum_{i=1}^{n}\left[\mu_{\underset{\sim}{A}}(u_i) - \mu_{\underset{\sim}{B}}(u_i)\right]}$

表 8-4　几种常用的贴近度

贴近度类型	数学表达式
海明贴近度	$\sigma_1(\underset{\sim}{A}, \underset{\sim}{B}) = 1 - d_1(\underset{\sim}{A}, \underset{\sim}{B}) = 1 - \dfrac{1}{n}\sum_{i=1}^{n}\left|\mu_{\underset{\sim}{A}}(u_i) - \mu_{\underset{\sim}{B}}(u_i)\right|$
欧几里得贴近度	$\sigma_2(\underset{\sim}{A}, \underset{\sim}{B}) = 1 - d_2(\underset{\sim}{A}, \underset{\sim}{B}) = 1 - \dfrac{1}{\sqrt{n}}\sqrt{\sum_{i=1}^{n}\left[\mu_{\underset{\sim}{A}}(u_i) - \mu_{\underset{\sim}{B}}(u_i)\right]^2}$
闵可夫斯基贴近度	$\sigma_3(\underset{\sim}{A}, \underset{\sim}{B}) = 1 - d_3(\underset{\sim}{A}, \underset{\sim}{B}) = 1 - \left[\dfrac{1}{n}\sum_{i=1}^{n}\left|\mu_{\underset{\sim}{A}}(u_i) - \mu_{\underset{\sim}{B}}(u_i)\right|^p\right]^{\frac{1}{p}}, \quad p \geqslant 1$
另一种形式的贴近度	$\sigma_4(\underset{\sim}{A}, \underset{\sim}{B}) = 1 - d_4(\underset{\sim}{A}, \underset{\sim}{B}) = 1 - \dfrac{\dfrac{1}{n}\sum_{i=1}^{n}\left|\mu_{\underset{\sim}{A}}(u_i) - \mu_{\underset{\sim}{B}}(u_i)\right|}{\dfrac{1}{n}\sum_{i=1}^{n}\left[\mu_{\underset{\sim}{A}}(u_i) - \mu_{\underset{\sim}{B}}(u_i)\right]}$

模糊诊断除模糊模式识别方法外，还有模糊聚类分析、模糊综合评判方法等。模糊聚类分析是依据诊断对象间故障和征兆的特征、亲疏程度和相似性，通过建立模糊相似关系对诊断对象进行故障分类和诊断的数学方法。模糊综合评判方法就是应用模糊变换原理和最大隶属原则，根据各故障原因与故障征兆之间的不同程度的因果关系，在综合考虑所有征兆的基础上，诊断设备发生故障的可能原因。这里，评价的着眼点是所要考虑的各个相关的故障原

因。在故障诊断的模糊聚类分析中，要对样本所发生的故障进行合理的诊断分类，这种方法适用于样本的故障和征兆之间的关系尚不明了的情况，如喷气发动机空中自动停车的故障诊断问题。在大量的统计资料中，停车故障与观测量（如飞机飞行高度、速度、发动机排气温度和转速等）之间存在复杂的关系，这时必须应用模糊聚类分析来寻找它们之间的关系。

8.4　模糊诊断实例

下面介绍使用最大隶属原则进行模糊诊断的一个应用实例。通过这个实例来介绍如何将模糊诊断理论应用于故障诊断中，即如何具体地得到论域 U、模糊子集 A_i 及其相应的隶属函数 $\mu_{A_i}(u)$。

8.4.1　征兆群空间

设某类故障共有 n 个征兆，$x_i(i=1,2,\cdots,n)$ 是描述第 i 个征兆的状态变量，最简单的形式是 x_i 只取 0 或 1。当征兆出现时 x_i 取 1，当征兆不出现时 x_i 取 0。n 个征兆变量不同的取值组合构成一个征兆群，分别对应 n 维空间中的一个点。全体征兆群的集合，称为征兆群空间，记作 X，它对应 n 维空间的 2^n 个点。

例如，考虑自动停车故障有 3 个征兆情况，即用 x_1 表示"振动"，x_2 表示"转速急降"，x_3 表示"超温"，因此可以在三维空间中建立 8 个点，即 $(0,0,0)$、$(0,0,1)$、$(0,1,0)$、$(0,1,1)$、$(1,0,0)$、$(1,0,1)$、$(1,1,0)$、$(1,1,1)$。此 8 个点分别对应 8 个征兆群，可以用 $u_1,u_2,\cdots,u_8$ 表示。

在 n 个征兆的情况下，n 维空间就有 2^n 个点，对应 2^n 个征兆群，所有征兆群构成的征兆空间就是论域 U

$$U = \{u_1, u_2, \cdots, u_n\} \tag{8-6}$$

8.4.2　故障成因

故障成因就是造成故障征兆的原因。当发生某一故障时，可能会出现若干个征兆；而具体地对某一个征兆而言，有可能与若干个故障都有联系，因此判断故障成因比较困难。

设 $A_1, A_2, \cdots, A_m$ 分别表示 m 个故障成因，它们是征兆群空间 X（论域 U）上的 m 个模糊子集。下面的问题是如何在征兆群空间上建立各种故障成因的隶属函数 $\mu_{A_i}(u)$（$i=1,2,\cdots,m$）。

8.4.3　求隶属函数

这里考虑有 n 个征兆。在诊断过程中，不同的征兆对每个故障成因的贡献是不同的，因此可以用权系数来表示。设有 n 个征兆，m 个故障成因，r 表示征兆 x_i 诊断为故障成因 A_j 的权系数。所有的征兆与故障成因的关系用一个权系数矩阵 $\left[r_{ij}\right]_{n\times m}$ 表示，通常 r_{ij} 可以在 $[0,1]$ 区间上取值。

征兆群 $n \in U$，对故障成因 $A_j(j=1,2,\cdots,m)$ 的隶属函数为

$$\mu_{A_j} = \sum_{i=1}^{n} x_i \cdot r_{ij} \Big/ \sum_{i=1}^{n} r_{ij} \tag{8-7}$$

式中，x_i（$i=1,2,\cdots,n$）表示第 i 个征兆出现的状态，征兆出现取 1，不出现取 0；r_{ij} 是权系数。

8.4.4　故障诊断

若某一故障出现的征兆群为 u_0，根据式（8-7）相应地可以计算出各故障成因的隶属度 $\mu_{A_j}(u_0)$（$j=1,2,\cdots,m$）。因此，运用最大隶属原则判别故障成因，即

$$\mu_{A_w}(u_0) = \max_{1 \leq j \leq m}\left\{\mu_{A_j}(u_0)\right\} \tag{8-8}$$

此时，判断故障为 A_w。

8.4.5　诊断实例

【例 8.5】　设某航空发动机自动停车的原因分别为 A_1（离心活门抱轴），A_2（涡轮叶片折断），A_3（滑油导管震裂），A_4（油泵随动活塞卡死），A_5（传动轴折断）；征兆为 x_1（排气温度超温），x_2（振动超标），x_3（转速急降），x_4（滑油告警灯亮），x_5（滑油消耗量大），x_6（转速悬挂）。根据专家的经验和统计资料，综合评定的权系数矩阵 $\left[r_{ij}\right]_{5 \times 6}$ 为

	A_1	A_2	A_3	A_4	A_5
x_1	0.5	0.4	0	0.98	0
x_2	0.8	0.98	0.3	0	0
x_3	0.95	0	0.8	0.3	0.98
x_4	0	0	0.98	0	0
x_5	0	0	0.9	0	0
x_6	0.3	0.6	0.9	0.98	0.95

若出现的征兆群为 $u_0 = (0,0,1,1,1,0)$，即出现 x_3（转速急降），x_4（滑油告警灯亮），x_5（滑油消耗量大），则根据式（8-8）可以计算隶属度：

$$\mu_{A_1}(u_0) = \frac{0.95 + 0 + 0}{0.6 + 0.8 + 0.95 + 0 + 0 + 0.3} \approx 0.36$$

$$\mu_{A_2}(u_0) = \frac{0 + 0 + 0}{0.6 + 0.4 + 0.98 + 0 + 0 + 0} = 0$$

$$\mu_{A_3}(u_0) = \frac{0.8 + 0.98 + 0.9}{0 + 0.3 + 0.98 + 0.8 + 0.9 + 0.9} \approx 0.69$$

$$\mu_{A_4}(u_0) = \frac{0.3 + 0 + 0}{0.95 + 0 + 0.3 + 0 + 0 + 0.95} \approx 0.14$$

$$\mu_{A_5}(u_0) = \frac{0.98 + 0 + 0}{0 + 0 + 0.98 + 0 + 0 + 0.95} \approx 0.51$$

根据最大隶属度原则：

$$\mu_{A_3}(u_0) = \max_{1 \leq j \leq m}\left\{\mu_{A_j}(u_0)\right\} = 0.69$$

由此判别故障成因为 A_3（滑油导管震裂）。

思考题

1．什么是模糊现象？举例说明。

2．模糊事件和随机事件有何不同？

3．模糊集合与经典集合有哪些不同？

4．模糊子集的运算规则主要有哪几种？

5．确定隶属函数主要有哪些方法？

6．设论域 $U = \{u_1, u_2, u_3, u_4, u_5\}$，模糊子集 $\underset{\sim}{A} = \{排气温度高\}$，$\underset{\sim}{B} = \{排气温度低\}$，并设 $u_1 = 950\mathrm{K}$，$u_2 = 750\mathrm{K}$，$u_3 = 600\mathrm{K}$，$u_4 = 540\mathrm{K}$，$u_5 = 500\mathrm{K}$，将其对应于各子集的隶属度规定为

$$\underset{\sim}{A} = \left[\frac{1}{u_1} + \frac{0.8}{u_2} + \frac{0.3}{u_3} + \frac{0.2}{u_4} + \frac{0}{u_5} \right]$$

$$\underset{\sim}{B} = \left[\frac{0}{u_1} + \frac{0.1}{u_2} + \frac{0.2}{u_3} + \frac{0.8}{u_4} + \frac{1}{u_5} \right]$$

求：$\underset{\sim}{A} \bigcup \underset{\sim}{B} = \{排气温度或高或低(排气温度失常)\}$。

参 考 文 献

[1] 廉筱纯. 航空发动机原理[M]. 西安：西北工业大学出版社，2014.

[2] 钟秉林. 机械故障诊断学[M]. 北京：机械工业出版社，2002.

[3] 邓明，金业壮. 航空发动机故障诊断[M]. 北京：北京航空航天大学出版社，2012.

[4] 陈卫，程礼，李全通，等. 航空发动机监控技术[M]. 北京：国防工业出版社，2011.

[5] 李国华，张永忠. 机械故障诊断[M]. 北京：化学工业出版社，1999.

[6] 吕伯平. 航空油液监测技术[M]. 北京：航空工业出版社，2007.

[7] 程礼，李全通. 航空发动机状态监控与故障诊断[M]. 西安：空军工程学院，1997.

[8] 沈庆根. 设备故障诊断[M]. 北京：化学工业出版社，2006.

[9] 柳迎春. 军用航空发动机状态监控与故障诊断技术[M]. 北京：国防工业出版社，2015.

[10] 张鄂. 铁谱技术及其工业应用[M]. 西安：西安交通大学出版社，2001.

[11]刘长福. 航空发动机结构分析[M]. 西安：西北工业大学出版社，2006.

[12] 关惠玲. 设备故障诊断专家系统原理及实践[M]. 北京：机械工业出版社，2000.

反侵权盗版声明

电子工业出版社依法对本作品享有专有出版权。任何未经权利人书面许可，复制、销售或通过信息网络传播本作品的行为；歪曲、篡改、剽窃本作品的行为，均违反《中华人民共和国著作权法》，其行为人应承担相应的民事责任和行政责任，构成犯罪的，将被依法追究刑事责任。

为了维护市场秩序，保护权利人的合法权益，我社将依法查处和打击侵权盗版的单位和个人。欢迎社会各界人士积极举报侵权盗版行为，本社将奖励举报有功人员，并保证举报人的信息不被泄露。

举报电话：（010）88254396；（010）88258888

传　　真：（010）88254397

E-mail：　dbqq@phei.com.cn

通信地址：北京市万寿路 173 信箱

　　　　　电子工业出版社总编办公室

邮　　编：100036